作者简介

娜仁花，蒙古族，博士，内蒙古农业大学动物科学学院教授，博士研究生导师，内蒙古自治区首届大专院校青年教师"课堂教学技艺大赛"一等奖获得者，美国宾夕法尼亚州立大学访问学者，动物遗传育种与繁殖内蒙古自治区重点实验室成员，中国畜牧兽医学会动物繁殖学分会会员，中国畜牧业协会骆驼分会会员。主要研究方向是家畜繁殖生理、精液保存、骆驼生物育种与繁殖新技术的开发应用和重要经济性状形成的分子机制研究及奶山羊繁育新技术开发应用研究等。负责动物生殖与发育学方向的教学和科研工作，主讲《家畜繁殖学》《畜禽繁殖技术》《分子发育生物学》《发育生物学》《生殖生物学》和《家畜繁殖原理与应用技术》。2019年，在内蒙古自治区阿拉善盟开展了骆驼种间胚胎移植工作，以阿拉善双峰驼为受体，移植了低温（4℃）保存35～38h的单峰驼胚胎，2020年3月顺利产下2峰健康的单峰驼公驼羔。这标志着世界首列低温保存的骆驼胚胎移植获得成功，也是骆驼胚胎移植在中国首次获得成功。曾先后主持完成或在研国家自然科学基金项目4项、国家"863"计划项目子项目1项、中国博士后基金项目1项、内蒙古自然科学基金项目3项及其他横向项目等12项。在国内外学术期刊上发表论文40余篇，主编和参编图书8部。

作者简介

何牧仁，蒙古族，博士，博士研究生导师，澳大利亚黄金海岸国际家畜研究中心首席执行官、北京九州大地生物技术集团股份有限公司首席科学家。主要从事动物胚胎的玻璃化冷冻保存、精原干细胞分离与移植、牛羊体外受精（IVF）等研究。2019年，在内蒙古自治区阿拉善盟开展了骆驼种间胚胎移植工作，以阿拉善双峰驼为受体，移植了低温（4℃）保存35～38h的单峰驼胚胎，2020年3月顺利产下2峰健康的单峰驼公驼羔。这标志着世界首列低温保存的骆驼胚胎移植获得成功，也是骆驼胚胎移植在中国首次获得成功。曾先后主持和参加国家自然科学基金项目、国家"863"计划项目、澳大利亚联邦政府Flagship项目和国家外国专家局项目。获批中国发明专利2项，澳大利亚专利1项。曾获澳大利亚第39届繁殖生物学年会"青年科学家"奖。先后在国内外核心期刊上发表学术论文50余篇，主编和译著图书3部。

国家出版基金项目
NATIONAL PUBLICATION FOUNDATION

丛书主编：吉日木图
骆驼精品图书出版工程

骆驼繁殖学

娜仁花　何牧仁◎主编

王　栋◎主审

中国农业出版社
北　京

内容简介

　　骆驼是一种适应炎热或寒冷气候和干旱环境的独特物种，能在严酷的环境条件下生产出优质的肉、奶，同时对于运输业、赛驼业和旅游业也发挥着重要作用。因此，骆驼对于生活在干旱地区的人们的经济发展至关重要。但相比于其他家养牲畜，骆驼科物种的繁殖效率较低。近年来，人工授精和胚胎移植等辅助繁殖技术已成功地应用于骆驼，为骆驼的遗传改良和繁殖效率的提高提供了有效途径。本书涵盖的内容包括公、母驼生殖器官部位、解剖结构、功能；公、母驼生殖生理；骆驼妊娠时的生理变化、妊娠诊断及分娩、助产和产后驼羔的护理；公、母驼的繁殖管理、繁殖障碍及提高驼群繁殖力的措施；骆驼乳房解剖结构、泌乳发动与排乳，以及骆驼奶的生物学特性；骆驼人工授精技术、胚胎移植技术及其他辅助繁殖技术等。

丛书编委会

骆 驼 精 品 图 书 出 版 工 程

主任委员 何新天（中国畜牧业协会）

芒　来（内蒙古农业大学）

姚新奎（新疆农业大学）

刘强德（中国畜牧业协会）

主　编 吉日木图（内蒙古农业大学）

副主编 阿扎提·祖力皮卡尔（新疆畜牧科学院）

哈斯苏荣（内蒙古农业大学）

委　员 双　全（内蒙古农业大学）

何飞鸿（内蒙古农业大学）

娜仁花（内蒙古农业大学）

苏布登格日勒（内蒙古农业大学）

那仁巴图（内蒙古农业大学）

明　亮（内蒙古农业大学）

伊　丽（内蒙古农业大学）

周俊文（内蒙古自治区阿拉善盟畜牧研究所）

张文彬（内蒙古自治区阿拉善盟畜牧研究所）

斯仁达来（内蒙古农业大学）

郭富城（内蒙古农业大学）

马萨日娜（内蒙古农业大学）

海　勒（内蒙古农业大学）

好斯毕力格（内蒙古戈壁红驼生物科技有限责任公司）

王文龙（内蒙古农业大学）

嘎利兵嘎（内蒙古农业大学）

李海军（内蒙古农业大学）

任　宏（内蒙古农业大学）

道勒玛（内蒙古自治区阿拉善盟畜牧研究所）

额尔德木图（内蒙古自治区锡林郭勒盟苏尼特

右旗畜牧兽医工作站）

编 写 人 员

主　编　娜仁花（内蒙古农业大学）

　　　　何牧仁（澳大利亚黄金海岸国际家畜研究中心）

副主编　傅　琳（内蒙古农业大学）

　　　　梁　磊（内蒙古医科大学附属医院）

参　编　张永昌（内蒙古农业大学）

　　　　哈斯高娃（内蒙古农业大学）

　　　　爱伦高娃（内蒙古医科大学附属医院）

　　　　孟克巴依尔（阿拉善盟畜牧兽医技术推广中心）

前 言 FOREWORD

骆驼是一种重要的牲畜资源，在亚洲和非洲干旱地区的农业经济中发挥着重要作用。由于骆驼的分布范围较小，长期以来被科学界忽视；即使是依靠骆驼生存发展的人们对骆驼的认知也仅停留在粗放养殖模式上，缺少经过大量科学实验得出的较为精确的数据。

骆驼的繁殖特性与其他家畜不同。骆驼是诱导排卵型动物，繁殖季节有限、初情期晚、妊娠期和产羔间隔长、胚胎早期死亡率高等原因使目前的繁殖技术不适用于骆驼。为适应当前骆驼养殖业发展的需求，加强骆驼繁殖特性及辅助生殖技术研究，以提高骆驼繁殖能力尤其是双峰驼的良种覆盖率，加速遗传改良进程，实现产业提质增效，特编写本书。

本书基于笔者从事家畜繁殖学研究和生产实践近三十年的成果及经验，同时，辅以国内外相关研究进展，阐述了骆驼的繁殖特性和提高骆驼繁殖性能的调控技术。本书以骆驼生殖活动为线索，从生殖器官解剖结构及功能、繁殖内分泌、繁殖生理、繁殖技术、繁殖疾病控制、繁殖管理和泌乳等方面阐述了与骆驼繁殖相关的基本理论和基本原理，既可作为农业院校师生及有关科研人员的教学、科研参考书，也可供骆驼养殖场专业技术员、兽医、管理人员及养驼牧户学习参考。

本书在编写过程中，内蒙古农业大学兽医学院苏布登格日勒教授以及内蒙古农业大学动物遗传育种与繁殖系的老师、学生倾注了大量心血和汗水，在此表示衷心的感谢！

由于笔者水平有限，加上与骆驼繁殖相关的研究报道较少、资料收集不全、书籍内容涉及的学科领域较广等原因，书中难免有错漏和不妥之处，恳请读者不吝指正。

编　者

2021 年 9 月

目 录 CONTENTS

第一章

骆驼生殖器官构造与功能

公驼生殖系统包括睾丸、生殖管道（附睾、输精管和尿生殖道）、副性腺（前列腺、尿道球腺）和外生殖器官（阴茎），主要功能包括精子发生、成熟及分泌激素等。母驼生殖系统包括卵巢、生殖道（输卵管、子宫、阴道）、外生殖道（尿生殖前庭、阴唇、阴蒂），主要功能包括参与卵子发生和成熟、受精、早期胚胎发育、妊娠及分娩等生理活动。了解骆驼生殖器官的解剖和组织结构，熟悉其生理功能，是掌握骆驼繁殖规律、正确应用繁殖技术的基础。

第一节　公驼生殖器官构造与功能

公驼生殖器官包括睾丸、附睾、输精管、前列腺、尿道球腺、阴茎、包皮和阴囊（图 1-1 和图 1-2）。

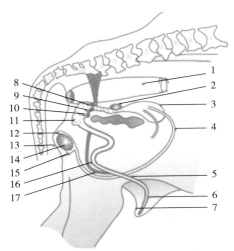

图 1-1　公驼生殖器官结构示意

1. 直肠　2. 前列腺　3. 膀胱　4. 输尿管　5. 阴茎　6. 龟头　7. 包皮　8. 尿道肌　9. 尿道球腺　10. 阴茎脚　11. 球海绵体肌　12. 附睾尾部　13. 阴囊输精管　14. 睾丸　15. 附睾头部　16. 阴茎乙状弯曲　17. 阴茎退缩肌

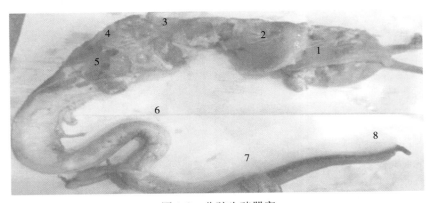

图 1-2　公驼生殖器官

1. 壶腹腺　2. 前列腺　3. 尿道球腺　4. 海绵体肌　5. 阴茎脚　6. 阴茎乙状弯曲　7. 包皮　8. 龟头

一、睾丸和阴囊

（一）形态

睾丸位于会阴部的阴囊内，呈卵圆形，下缘凸出部分为游离缘，上缘稍平部分为附着缘，由下向后向上倾斜。睾丸在骆驼出生时很小，但已经下降到阴囊内，在初情期迅速增大，长度可达 7～10cm，每侧睾丸重 80～100g；右侧睾丸略小于左侧，发情时睾丸变大而突出，略呈豆形，位于阴囊内，成年公驼的睾丸大小左侧为 8cm×5cm×4cm，右侧为 7cm×5cm×4cm；睾丸外侧面稍凸，有一狭隙称其为附睾窦。骆驼属于季节性繁殖动物，睾丸的大小和重量具有明显的季节性变化（图 1-3）。骆驼在胎儿期，睾丸经过腹腔迁移至内侧腹股沟环，再通过腹股沟管降至阴囊内；有时睾丸未降入阴囊，于出生后乃至成年仍位于腹腔内，称为隐睾，其内分泌机能不受损害，但精子发生机能出现异常。

睾丸为头端和尾端。骆驼睾丸的长轴呈前低后高状，位于肛门下方的会阴区，头端向前下方，尾端向后上方。

阴囊较小，位置较靠后，在耻骨腹侧，向外突出不明显。肉膜呈粉红色且不发达（图 1-4）。

图 1-3　单峰驼不同季节睾丸大小比较

A. 繁殖季节　B. 乏情季节　C. 非繁殖季节

（资料来源：Jarrar，2015）

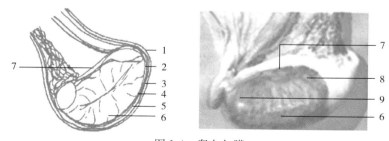

图 1-4　睾丸包膜

1. 阴囊皮　2. 肉膜　3. 精索外筋膜　4. 精索内筋膜　5. 白膜
6. 睾丸游离缘　7. 睾丸附着缘　8. 睾丸头端　9. 睾丸尾端

（二）组织结构

睾丸通常由结缔组织构成的白膜包被，其实质是由曲细精管和间质构成（图 1-5）。

白膜深入睾丸内部形成睾丸纵隔将其分成许多小叶，每个小叶中含有数条曲细精管。曲细精管由支持细胞和各级生精细胞组成（图 1-6）。生精细胞包括精原细胞、精母细胞、精子细胞和精子。支持细胞贴近基底膜，是生精上皮中唯一的体细胞，呈柱状，由曲细精管的基膜一直延伸达到曲细精管的腔面，其体积占曲细精管的 1/4～1/3，对不同发育阶段的生殖细胞起着支持、营养和促进演变分化的作用。因此，睾丸中支持细胞的数量，与生产精子的能力密切相关。一般来说，支持细胞数量越多，则产生的精子数也越多，支持细胞数量越少，则产生的精子数也越少。

　　支持细胞之间的紧密连接是构成血-睾屏障的主要结构，屏障提供的相对稳定的环境对生精细胞的分化和精子的成熟有重要意义，同时屏障被破坏将导致生精障碍。此外，支持细胞可以分泌抑制素和激活素，两种激素共同调节垂体分泌卵泡素。

　　在睾丸小叶的曲细精管之间有结缔组织构成的间质，支撑着曲细精管。间质内含血管、淋巴管、神经和间质细胞。间质细胞近乎椭圆形，细胞核大且圆，常聚集存在，能合成并分泌雄激素。

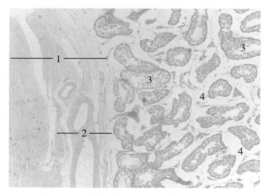

图 1-5　睾丸白膜及曲细精管（40×）
1. 白膜　2. 白膜血管
3. 曲细精管　4. 睾丸间质
（图片由苏布登格日勒提供）

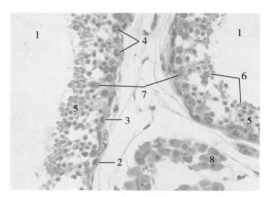

图 1-6　曲细精管上皮结构（400×）
1. 曲细精管　2. 肌样细胞　3. 精原细胞
4. 初级精母细胞　5. 精子细胞　6. 精子
7. 支持细胞　8. 间质细胞
（图片由苏布登格日勒提供）

（三）功能

　　1. 生成精子　精子由曲细精管生殖上皮的生殖细胞生成。生殖细胞在生殖上皮由表及里经过 4 次有丝分裂和 2 次减数分裂形成精子细胞，最后经过形态学变化生成精子并存在于曲细精管内。曲细精管外直径为 $113～250\mu m$，在非繁殖季节明显变细。每克睾丸组织的精子日产量随繁殖季节不同而异，非繁殖季精子日产量为 $(2.7～3.0)×10^7$ 个，繁殖季节为 $(3.6～4.7)×10^7$ 个，春末为 $8.1×10^6$ 个，到夏末时降至 $4.2×10^6$ 个。

　　2. 分泌激素　曲细精管之间的间质细胞分泌雄激素，雄激素能激发公驼的性欲和性行为，刺激产生第二性征，促进生殖器官和副性腺的发育并产生相关功能，维持精子产生和附睾中精子的存活。骆驼在出生前，睾丸从腹腔进入阴囊也需要雄激素作用。公驼在性成熟前去势会使生殖道的发育受到抑制，成年后去势会产生生殖器官和性行为的退行性变化。曲细精管内的支持细胞可分泌蛋白质激素，如抑制素、激活素等。

3. 分泌睾丸液　睾丸的曲细精管分泌多种液体，称为睾丸液，这些体液对于精子的悬浮和移动极为重要。

二、附睾

睾丸外侧面稍突出，有一个狭隙即附睾窦。附睾发达，贴附于睾丸的上方，头向前下方，尾朝后向上方，和猪的相同。附睾管是一条高度弯曲的管道，管径为 2 mm。

（一）形态和组织结构

附睾位于睾丸的附着缘，分附睾头、附睾体和附睾尾三部分。附睾头由多条睾丸输出管缠绕组成，与结缔组织联结成若干附睾小叶，这些附睾小叶联结成扁平且略呈杯状的附睾头端。沿附睾缘延伸的狭窄部分为附睾体。附睾尾在睾丸的尾端呈圆形扩张，突出于睾丸 3～4cm（图 1-7）。附睾管最后变为输精管。

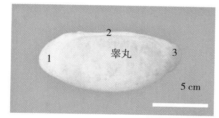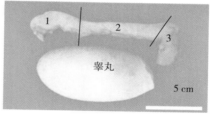

图 1-7　骆驼睾丸和附睾
1. 附睾头　2. 附睾体　3. 附睾尾

附睾管壁由环形肌纤维和假复层柱状纤毛上皮构成（图 1-8），从组织学上可将附睾区分为 3 个区域，即起始段、中段和末段（图 1-9）。起始段管腔很小，柱状上皮细胞高，具有长直的静纤毛，几乎堵住管腔；中段的静纤毛短曲直，管腔变宽阔；末段管腔宽阔，纤毛很短，管内充满精子。上皮细胞由 5 种细胞群组成，即主细胞、基底细胞、顶端细

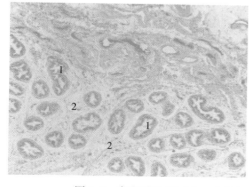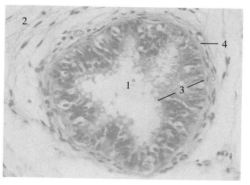

图 1-8　睾丸输出管（左，40×）及附睾管壁上皮结构（右，400×）
1. 睾丸输出管　2. 疏松结缔组织　3. 假复层柱状上皮　4. 平滑肌
（图片由苏布登格日勒提供）

胞、晕细胞和暗细胞，这些细胞在附睾不同节段的分布不同。其中，主细胞和基底细胞是整个附睾管最常见的细胞类型。附睾管中纤毛的构造与精子尾部相似，有独特的纤毛运动，有助于精子向前移动（图1-10）。

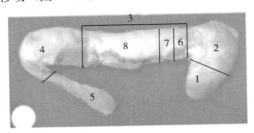

图1-9　骆驼右附睾及部分输精管解剖结构
1.输出管　2.起始段　3.中段　4.末段　5.输精管　6.近端　7.中端　8.远端
（资料来自：Zayed，2012）

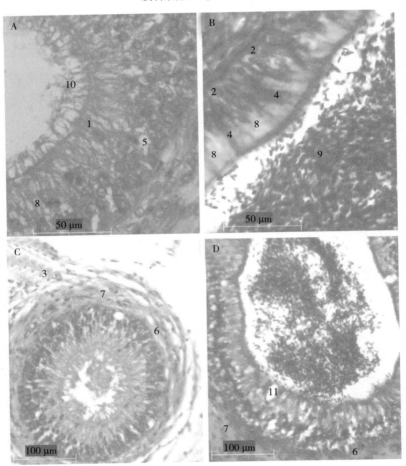

图1-10　附睾管壁上皮结构（HE染色）
A.附睾头部高假复层柱状上皮　B.附睾尾部矮上皮与立体纤毛
C.附睾体部上皮　D.附睾尾部矮上皮与周围的平滑肌层
1.顶端细胞　2.基底细胞　3.结缔细胞　4.暗细胞　5.晕细胞　6.固有层
7.平滑肌　8.主细胞　9.精子　10.静纤毛　11.液泡

（二）功能

1. 促进精子成熟　由睾丸曲细精管生成的精子，刚进入附睾头时颈部常有原生质小滴，活动能力微弱，没有受精能力或受精能力很低。在精子通过附睾的过程中，原生质小滴向尾部末端移行，精子逐渐成熟，并获得直线运动能力、受精能力以及使受精卵正常发育的能力。

精子的成熟与附睾的物理及生理特性有关。精子通过附睾管时，附睾管分泌的磷脂质和蛋白质包被在精子表面，形成脂蛋白膜，以保护精子，防止精子膨胀，以及抵抗外界环境的不良影响。

附睾体分泌一种前动蛋白，使精子的随机运动变成直线前进运动。附睾分泌一种依赖于雄激素的蛋白从而覆盖精子，使精子获得结合透明带的能力。精子细胞膜表面来源于睾丸的蛋白分子如受精素，在附睾内被去除或剪切成熟，使精卵结合中发挥作用的蛋白表位得以暴露，从而使精子获得受精能力促进精卵结合。同时，附睾也会分泌一些物质，如乳糖苷和乳白蛋白。精子通过附睾管时获得的负电荷可防止精子凝集。

2. 吸收作用　附睾头和附睾体的上皮细胞具有吸收功能，可吸收来自睾丸精子悬浮液中的水分和电解质，使在附睾尾的精子浓度显著升高，达 $4.0×10^{10}$ 个/L 以上。

3. 运输作用　附睾主要通过管壁平滑肌的收缩，以及上皮细胞纤毛的摆动，将来自睾丸输出管的精子悬浮液从附睾头运送至附睾尾。精子从附睾头运送到附睾尾所需的时间（即附睾转运时间）与物种有关（表 1-1）。发生性活动时，附睾尾平滑肌剧烈收缩，将精子输送到输精管中。各种动物精子的附睾转运时间是恒定的，不受射精频率的影响，但通过附睾尾的时间则因射精频率的高低而产生极大差异。影响附睾转运时间的因素尚不明晰，但其受神经和内分泌系统控制。体外研究证明，催产素、乙酰胆碱、前列腺素和血管紧缩素Ⅱ等物质与附睾转运能力有关。

表 1-1　精子通过附睾不同部位所需的时间（d）

物种	附睾头	附睾体	附睾尾	合计
骆驼	0.2	0.3	1.5	4.2
马	1	2	6	9
牛	2	2	10	14
羊	1	3	8	12
猪	3	2	4～9	9～14
人	1～2	0.5	5	6.5～7.5

资料来源：Senger，2012。

4. 贮存作用　精子主要贮存在附睾尾。由于附睾管上皮的分泌作用和附睾中弱酸性（pH 为 6.2～6.8）、高渗透压（400 mOsm/L）、温度较低及厌氧的内环境，使精子代谢和活动力维持很低从而可以长久储存。通常精子在附睾尾内贮存 60 d 仍具有受精能力。附睾尾的精子数也与射精频率有关。长时间没有性活动的公畜，其附睾尾中的精子数比性活动频繁的公畜多 25%～45%，但畸形和死精子数量增多。

三、输精管及精索

输精管由附睾管延续而来，与通往睾丸的神经、血管、淋巴管、睾提内肌组成的精索一起通过腹股沟管，进入腹腔，转向后进入骨盆腔，通向尿生殖道，开口于尿生殖道骨盆部背侧的精阜。骆驼骨盆部输精管在尿生殖道褶皱的浅层覆盖下从腹股沟内口出现。它位于膀胱背侧和输尿管内侧褶皱的浅层和深层之间（图 1-11）。输精管的起始部分细长且深度弯曲，近开口端有 15～18cm 的部分管壁明显增厚变粗，略微弯曲，形成一个输精管的壶腹。输精管的末端在前列腺体部腹侧表面的深槽中短暂延伸，逐渐变窄，穿过尿生殖道骨盆部的背壁，并开口于精阜。输精管壶腹部管壁的黏膜有褶皱和假复层柱状上皮。黏膜下层为腺体，由外周、中央和黏膜下层管状腺体组成，这些腺体直接开口于输精管腔。间质组织主要为纤维弹性组织，但也存在少量平滑肌纤维。外周腺体较大，管腔也较宽，管壁由柱状细胞和基底细胞构成。中央和黏膜下腺体相对较小，管腔狭窄，管壁有低柱状上皮。在前列腺体部下的壶腹腺厚度减少，尤其是在尿道固有层。在这个区域，输精管的黏膜上皮变成简单的柱状。输精管非腺体部分的肌层较厚，由较厚的圆形平滑肌层和周围分布的纵向平滑肌束组成。在腺体部分，肌层相对较薄，由松散且不规则的纤维组成。因此，输精管壁具有发达的平滑肌纤维，厚而口径小，射精时借其强有力的收缩作用将精子排出。骆驼腹股沟管较狭窄，故腹股沟疝气较少见。

四、副性腺

公驼的副性腺有前列腺、尿道球腺，但没有精囊腺（图 1-11）。

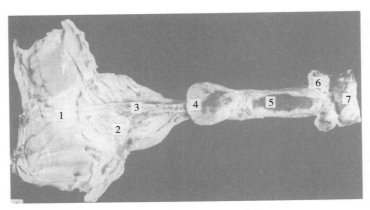

图 1-11　公驼内生殖器官（背侧面）

1. 尿生殖道褶皱　2. 膀胱　3. 输精管　4. 前列腺体部　5. 尿生殖道骨盆部　6. 尿道球腺　7. 球海绵体肌

（资料来源：Ali，1978）

（一）前列腺

前列腺由体部和扩散部两部分组成，骆驼前列腺体部发达，左右宽 5cm，前后长约 5cm，厚约 1.3cm，位于尿生殖道骨盆部起始端的背侧面，覆盖于膀胱颈之上，色灰白呈圆盘状，前 2/3 游离向前伸，后 1/3 与尿生殖道骨盆部融合。尿生殖道骨盆部短，只有 3～5cm。前列腺体部的实质逐渐被一条从尿道肌肉内部发出的细带分隔，从而形成小而不发达的扩散部，位于尿生殖道骨盆部，后部与尿生殖道骨盆部起端融合。研究显示，有 15～20 条前列腺管开口于精阜内，有些开口于精阜的外侧。组织结构上，腺体实质是小叶状结构，被一层薄的纤维肌包被。小叶又被大量的间质结缔组织和丰富的平滑肌包围。每个小叶由位于不同基底膜上的管泡状分泌部组成，大小和直径差异很大。分泌部由单层柱状或立方细胞构成，平均高 $17\mu m$，细胞核呈球形，处于基底部。某些分泌部中，柱状细胞和基底膜之间镶嵌着小基底细胞（图 1-12）。核上胞质分布有丰富的颗粒，其他地方只有少量颗粒。立方上皮细胞上没有颗粒，其原因可能是细胞不活跃，主管道内膜有变移上皮细胞。扩散部的腺实质背部有致密的纤维肌带，四周均被横纹肌层包围。细纤维肌小梁伸入实质组织，形成一些小叶。分泌部与前列腺体部相似，尤其是在纤维肌带下。尿道固有层大部分由狭窄的管腔和内膜柱状细胞或锥体细胞组成，可见少量小叶（图 1-13）。

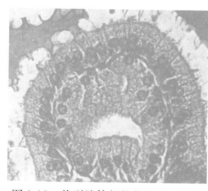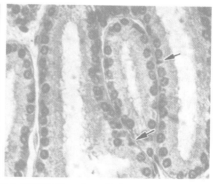

图 1-12　前列腺体部柱状细胞（左）和小基底细胞（右，箭头所示）（480×）

（资料来源：Ali，1978）

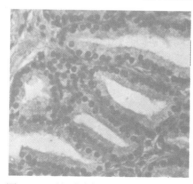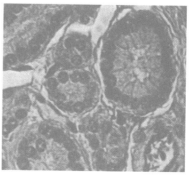

图 1-13　前列腺扩散部分泌部（左，250×）和尿道固有层（右，480×）

（资料来源：Ali，1978）

(二) 尿道球腺

尿道球腺有两个，位于坐骨弓上方、尿道骨盆部末端的背侧缘，色灰黄，呈扁桃形，大小为 1.2～2.5cm，外盖有较厚的球腺体肌（横纹肌）。球海绵体肌继尿道肌起始于两尿道球腺之间，且覆盖部分尿道球腺。两个尿道球腺间有一个很厚的腺间隔膜（图 1-14）。腺体位于前列腺尾部约 10cm 处，每个腺体有一长约 2cm 的导管，通过导管进入尿道，形成 U 形窝，腺体两侧各有一层黏膜。根据 Perk（1962）的报道，腺体外部被横纹肌覆盖，内部被一层厚的纤维状囊膜覆盖。腺体实质分叶状，由大量网状纤维支撑的复管泡状腺组成（图 1-15），其分泌部为 A、B、C 3 个型（图 1-16）。A 型由单层高锥体细胞或柱状细胞构成，核扁平，位于胞质基部，胞质嗜碱性；B 型由单层立方细胞构成，核圆，位于胞质基部，胞质呈淡红色；C 型在同一分泌部有 A 型和 B 型的细胞，即混合型。A 型为高度活动的黏液腺，而 B 型、C 型为静止型。骆驼的尿道球腺有明显的季节性变化，在发情季节，其分泌部 A 型较多，在休情期则 B 型居多，但暂未见有完全不活动的。骆驼去势后，副性腺均萎缩，从大体解剖结构上看，前列腺体变薄，尿道球腺变小，输精管壶腹变细；此外，阴茎也变细小。

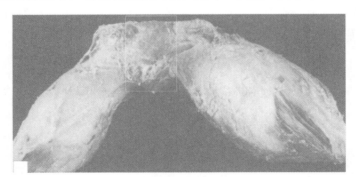

图 1-14　两个尿道球腺间的腺间隔膜（方框所示）

（资料来源：Ali，1978）

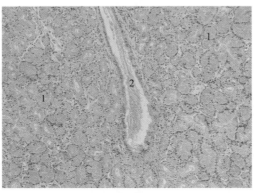

图 1-15　公驼尿道球腺组织结构

1. 黏液性腺泡　2. 导管

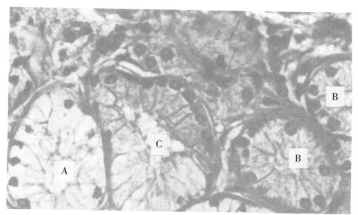

图 1-16　尿道球腺分泌部的 A、B 和 C 3 个型（480×）

（资料来源：Ali，1978）

五、尿生殖道

公驼的尿生殖道与公牛的相似。在尿生殖道骨盆部前端背侧壁的内面，有一纵行正中隆起即精阜，精阜上有输精管和前列腺的开口。由精阜向后有一正中嵴，至尿生殖道骨盆部中部消失。在此嵴两侧各有 1～3 条纵行的黏膜褶皱，嵴与褶皱之间有尿道腺的开口。

尿生殖道骨盆部除覆盖有尿道肌外，还包有一层尿道海绵体，但位于尿生殖道骨盆部前列腺段的前列腺扩散部外没有尿道海绵体。尿道腺发达，由前列腺体部后端向后伸延到尿道球（又称阴茎球）的一段，结构较前列腺扩散部致密，小叶不明显。尿道腺属管状，由锥形上皮细胞构成，核圆，位于胞质基部，胞质嗜碱性；其排出管开口于精阜后尿道的黏膜嵴（为由精阜向后的一正中嵴）与褶皱之间。

尿道阴茎部，除大部分覆盖有球海绵体肌外，还包有尿道海绵体和 2 条管道，位于尿道腹面两侧。管道内被一些小梁分隔，有些地方两管道壁合成一层。两管道至阴茎前端形成海绵腔。骆驼阴茎是介于海绵型与纤维型之间的中间型。

六、阴茎和包皮

公驼的阴茎和公牛的相似，由纤维伸缩组织构成，长 58～68cm，呈圆筒形。阴茎最前端是阴茎头，阴茎头长 8～12cm，其向右向下再向左弯曲成钩状的结构，内含钩状软骨（图 1-17）；钩的小弯在上，其中有一向前突出的扁管，为尿道突，长 3～4cm。阴茎由阴茎根、阴茎体和阴茎头组成。阴茎根由左右两个圆形的阴茎脚组成，附着于坐骨弓。阴茎体在阴囊前方形成乙状弯曲。阴茎退缩肌终于乙状弯曲的远端，以弹性带附着于阴茎游离部的近侧。阴茎游离部变细终止于终突，终突扭曲至左侧。在终突底的后方和背侧是小的圆锥形的尿道突，突向前方。尿道突的两侧是 2 个黏膜褶皱，由软骨支持；腹侧面形成一结节，与尿道海绵体结节相似。尿道突代表阴茎头。阴茎由阴茎海绵体和尿道海绵体层构成。阴茎海绵体由两阴茎脚内的海绵体合并而成，从阴茎脚伸至阴茎头。在阴茎海绵体起始部，有明显的纤维隔将两个勃起体分开，向远侧纤维隔逐渐变得不明显，因此，在阴茎游离部仅有海绵体核。尿道海绵体层在两阴茎脚之间膨大形成阴茎球，也称尿道球，外表覆盖有球海绵体肌，阴茎球向远侧延续为尿道海绵体。尿道海绵体包围尿道沟中的尿道阴茎部，并逐渐变细，终止于尿道外口附近。

图 1-17　公驼的阴茎

　　包皮为黏膜及皮肤形成的套鞘，呈三角形，在黏膜下为交错的肌纤维与结缔组织形成的肌纤维膜。包皮口向下向后。包皮腔长 12～17cm，最宽处直径为 2～3cm，前部窄，后部宽，排尿时，尿液先进入包皮腔内，然后再排到体外，因此，骆驼是向下向后排尿。作用于包皮的有两条呈扁带状的包皮后退肌和三条包皮前拉肌。公驼排尿或勃起时，包皮前拉肌收缩，包皮前后移动，阴茎可向前挺出。包皮前拉肌也控制包皮口的膨胀和收缩。

第二节　母驼生殖器官构造与功能

　　母驼的生殖系统包括卵巢、输卵管、子宫、阴道及尿生殖前庭等（图 1-18）。

一、卵巢

（一）形态和位置

　　双峰驼左、右侧卵巢分别位于左、右侧子宫角尖端外侧，由卵巢系膜悬于腹腔髂骨区及耻骨前缘附近。每个卵巢的重量约为 5g。卵巢由一条清晰的强韧带与阔韧带相连，该强韧带从卵巢门延伸到相应子宫角的顶端（图 1-18）。两个卵巢都被围在输卵管系膜的一个褶皱内，称为卵巢囊，该囊的顶端形成一个大的圆形孔口，其中有输卵管的纤毛。卵巢呈扁椭圆形，无排卵窝结构，在卵巢表面有明显突出的卵泡或黄体，边界清晰，凹凸不平，而且不同个体的卵巢形态差异很大，长度可相差 1.4 倍，宽度可相差 2.4 倍，厚度可相差 1.8 倍，重量和体积可相差 14 倍；其色泽也有差异，由浅粉色到肉红色、紫红色不等，但大多以肉红色为主，紫红色较少。黄体的存在显著增加了卵巢的重量和体积。卵巢质地柔软，直肠检查可用手固定卵巢，进行触诊。卵巢位于距阴道口约 36cm 处，但根据生理阶段的不同该距离会有很大的变化。例如，在妊娠期间，卵巢变得更靠近腹侧，并在发育阶段被向前拉，从而使卵巢很难触诊。左侧卵巢通常比右侧卵巢更靠近腹侧。卵巢外观和大小随骆驼的年龄和生理活动的变化而变化。在初情期前，卵巢表面较光滑，有几个凸起的小囊泡（直径 2～5cm），与卵泡相对应。在不发情和未生产的母驼中，卵巢呈卵圆形或圆形，侧面扁平，表面不规则。在繁殖季节，成熟的卵泡和黄体突出于卵巢表面，似葡萄状（图 1-19）。

单峰驼的卵巢长为 2.6～6cm，宽为 2～4cm，厚为 0.5～0.9cm，每个卵巢的重量为 3～4g。卵巢重量会随年龄的增长、卵巢活动的加快和妊娠期间妊娠黄体的存在而增加。

（二）组织结构

卵巢实质由外围的皮质和中央的髓质组成，除门区外，整个器官被白膜包围。卵巢表面覆盖单层立方生殖上皮，但有些区域为单层扁平上皮；生殖上皮下为致密结缔组织构成的白膜，宽约 $50\mu m$（图 1-20）。卵泡活动发生在皮质层，皮质层的基质由结缔组织构成，其中分布

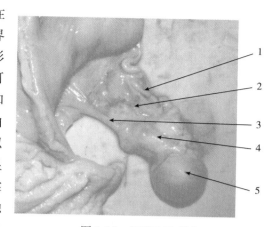

图 1-18　母驼生殖器官
1. 输卵管　2. 卵巢囊　3. 卵巢韧带
4. 卵巢　5. 卵泡囊
（资料来源：Jarrar，2015）

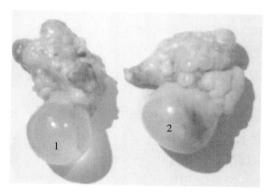

图 1-19　母驼的一对卵巢
1. 左侧卵巢上的透明卵泡　2. 右侧卵巢上的不透明黄体
（资料来源：Skidmore，2000）

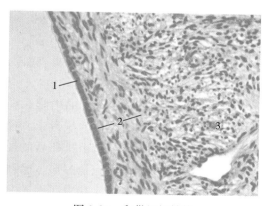

图 1-20　卵巢组织结构
1. 生殖上皮细胞　2. 白膜　3. 皮质层

着大小不同的各级卵泡（原始卵泡、初级卵泡、次级卵泡、三级卵泡和成熟卵泡）、闭锁卵泡、黄体和一些瘢痕结构，间质腺较少见。

卵巢髓质由疏松结缔组织构成，含有许多大的螺旋动脉和其他血管。螺旋动脉的内皮下层厚而明显，淋巴管也很丰富。卵巢任何部位均可发生排卵。然而，由于骆驼是诱导排卵动物，即在自然条件下只在交配时排卵，在未交配的母驼卵巢中没有周期黄体。因此，黄体只存在于刚配种或妊娠的母驼卵巢中。

（三）功能

1. 卵泡发育和排卵 卵泡活动主要由4种类型的卵泡控制，即小生长卵泡、成熟卵泡、退化卵泡或过大卵泡、无排卵的卵泡。由于卵泡波相互重叠，可能同时出现几代卵泡。在卵巢表面可见生长中的小卵泡，其直径为2～4mm；而排卵前成熟的卵泡则为13～20mm，呈球形，肿胀，有透明的薄壁，明显突出于卵巢表面。退化卵泡的出现取决于退化的阶段。在退化开始时，卵泡壁变厚且不透明，直径缓慢减小，直到卵泡退回卵巢。约有50%的未交配母驼卵巢上存在大的无排卵卵泡，这些卵泡的大小和形状变化很大；直径为25～60mm，壁薄或厚，不透明，含有浆液性或出血性液体和不同数量的纤维蛋白。黄体在排卵后形成，而排卵发生在交配后24～48h。排卵时排卵卵泡塌陷，然后卵泡腔充满血液形成出血体或红体（图1-21）。红体的黄体化发生在4～5d内。未妊娠母驼的黄体直径为12～15mm，重量为1.5～2g，但在妊娠期间，黄体的大小和重量分别增加到（22±6）mm和（4.9±1）g。黄体退化发生在未孕母驼交配后10～12d或妊娠母驼分娩前。妊娠黄体退化形成白体，白体坚硬，呈白色或灰色，表面无血管。不同大小（直径5～12mm）的白体疤痕在母驼卵巢表面长期存在。

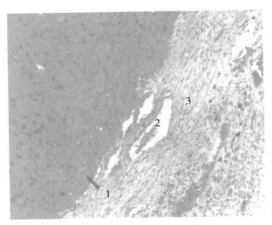

图1-21　排卵后的卵泡（直径>10 mm）
1. 血体或红体　2. 血管　3. 卵泡膜
（资料来源：Srikandakumar，2003）

2. 分泌激素 在卵泡发育过程中，包围在卵母细胞外的两层卵巢皮质基质细胞形成卵泡膜。卵泡膜可分为血管性的内膜和纤维性的外膜，外膜细胞和内膜细胞均能合成雄激素，并可将雄激素转化为雌激素。排卵后形成的黄体，由颗粒黄体细胞和内膜黄体细胞组成。颗粒黄体细胞由排卵后的颗粒细胞变大而形成，呈多角形，内含脂肪和脂色素颗粒；内膜黄体细胞呈圆形，比颗粒黄体细胞小，由内膜毛细血管向黄体细胞内生长、内膜细胞增殖侵入其中而形成。两种黄体细胞都能分泌孕激素。处于不同发育阶段的卵泡除了分泌类固醇性激素外，还可以分泌抑制素、活化素、卵泡抑素和其他多种肽类激素或因子。这些因子通过内分泌、旁分泌和/或自分泌的方式，调节卵泡的发育。

二、输卵管

(一)位置和形态

输卵管是卵子进入输卵管的通道,通过宫管连接部与子宫角相连接,附着在子宫阔韧带外侧缘形成的输卵管系膜上,长而弯曲。母驼的输卵管与牛马的基本相同,长17～28cm,每个输卵管通过突起乳头顶部的狭窄开口进入子宫角,突起乳头的高度可达3～5mm(图1-22)。乳头肌肉发达,顶端呈括约肌,其功能尚不清楚,但它可能在受精胚胎的选择性运输中发挥重要作用。骆驼卵巢囊很大,分为外囊和内囊,输卵管的卵巢端开口于卵巢囊的外囊底壁,整个外囊可看作是输卵管的喇叭口。输卵管伞部发达,峡部不像壶腹部那样盘绕。输卵管与子宫角之间有明显的界线,而在子宫角端增大,可能允许大量精子长期储存。峡部比壶腹部弯曲少,伞位于囊内,距离卵巢较近。

图1-22 输卵管的解剖结构(黑色箭头指向子宫角黏膜乳头)

1. 输卵管壶腹部 2. 输卵管峡部 3. 子宫角

(资料来源:Accogli,2014)

(二)组织结构

输卵管管壁组织结构从外向内由浆膜、肌层和黏膜组成(图1-23)。肌层从卵巢端到子宫端逐渐增厚。输卵管壶腹部黏膜由大量的初级皱襞和薄的肌壁组成,而峡部由短而简单的黏膜初级皱襞和发达的肌层组成。子宫-输卵管连接处,短的初级皱襞分隔狭窄的管腔,并被发达的输卵管肌肉层包围。整个输卵管黏膜内有一层简单的柱状上皮,由纤毛细胞和非纤毛细胞两种不同的细胞类型组成。在卵泡生长期和成熟期,各输卵管区的特征没有变化。扫描电子显微镜显示,非纤毛细胞散布在纤毛细胞之间,顶端有微绒毛或突起。虽然顶端有小泡的非纤毛细胞在输卵管中的分布不均匀,但

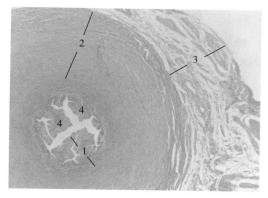

图1-23 输卵管组织结构

1. 黏膜 2. 肌层 3. 浆膜 4. 黏膜皱襞

从子宫到输卵管的数目似乎在增加。同时，观察到生长期管腔表面有分泌物（图1-24）。管内黏膜上皮为一层高柱状的细胞，有的地方为假复层上皮，部分细胞的游离缘有纤毛。

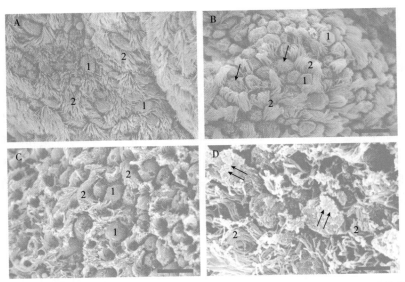

图1-24　输卵管黏膜扫描电镜图（单箭头所示为微绒毛，双箭头所示为分泌物）
A. 成熟期壶腹部　B. 成熟期峡部　C. 成熟期宫管结合部　D. 生长期非纤毛细胞上的分泌物（峡部）
1. 顶端泡　2. 纤毛
（资料来源：Accogli，2014）

（三）功能

1. 运输卵子和精子　借助输卵管纤毛的摆动、管壁的分节蠕动和逆蠕动、黏膜和输卵管系膜的收缩、纤毛摆动而引起的液体流动为动力，将卵巢排出的卵子经过输卵管伞向壶腹部运送；也可将精子反向由峡部向壶腹部运送。骆驼的输卵管在子宫末端增大，这种独特的结构允许长时间贮存大量精子。

2. 精子获能、卵子受精及受精卵卵裂　精子在受精前必须在输卵管内停留一段时间，以获得受精能力。输卵管壶腹部是卵子的受精部位，受精卵边卵裂边向峡部和子宫角运行。

3. 分泌功能　输卵管的分泌物主要为黏多糖和黏蛋白，这些分泌物是精子和卵子的运载工具，也是精子、卵子和受精卵的培养液，其分泌受激素的控制，发情时分泌增多。此外，有研究证明，输卵管上皮细胞的分泌液有利于提高精子的受精能力。

三、子宫

子宫是妊娠的主要器官，连接输卵管和阴道，由子宫角、子宫体和子宫颈组成（图1-25）。

（一）形态和位置

子宫从外部形态看，为双角子宫，从内部看，子宫黏膜从子宫底向后形成一纵隔，将子宫体的大部分一分为二。骆驼子宫纵隔长约 6cm，子宫体长为 2.5～3.5cm，属于对分子宫。骆驼子宫角松弛时，左侧子宫角稍向下弯，右侧子宫角不弯曲，故子宫呈 T 形（图 1-26A）；而其他反刍动物子宫呈 Y 形，子宫稍微收缩时，左、右侧子宫角均向下弯曲，故呈羊角状（图 1-26B）；在强烈收缩时，两侧子宫角均急剧向下弯，与牛的子宫相似。所有驼科动物的左侧子宫角明显长于右侧。未产母驼子宫非常小，在骨盆内，而成熟的未孕母驼子宫位于第 5、6 和 7 腰椎外的腹腔内。单峰驼非妊娠子宫体较短（图 1-26B），长度仅为 2～3.5cm，右侧子宫角长 6～

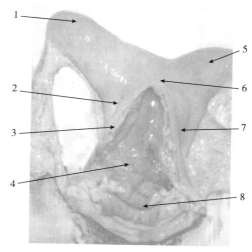

图 1-25　子宫组织和解剖结构
1. 左子宫角　2. 子宫浆膜　3. 子宫肌层　4. 子宫内膜
5. 右子宫角　6. 角间隔　7. 子宫体　8. 子宫颈
（资料来源：Jarrar，2015）

10cm，左侧子宫角长 8～15cm；而双峰驼的子宫体长 8.5～9.5cm，左、右侧子宫角分别长 8～12cm 和 6～8cm（图 1-26C）。右侧子宫角呈圆管状，位于腹腔内，左侧子宫角较右侧子宫角长 1～4cm。初生驼羔，其左侧子宫角也较右侧长 0.4～1.5cm，也更宽大。子宫颈柔软，子宫颈管宽约两指。

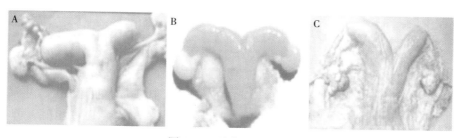

图 1-26　子宫不同形状
A. T 形子宫　B. 羊角宫体　C. Y 形子宫
（资料来源：Skidmore，2000）

骆驼的子宫黏膜与马相似，无子宫阜，上皮下陷于固有膜内，形成大量长而弯曲的单管状腺。子宫黏膜上覆有柱状上皮，固有层内有分支管状腺，腺上皮也为柱状细胞。骆驼的胎盘为弥散型，在妊娠约 45d 时左侧子宫角明显扩张，到 60d 时几乎是原来的 2 倍大，此时子宫伸入腹腔；到 150d 时，妊娠子宫角和非妊娠子宫角的直径几乎是原来的 4 倍，子宫内膜增大，腺体增多。分娩后尚未恢复的子宫悬在骨盆边缘，子宫壁增厚、水肿、无弹性，含有少量血块；分娩后 20～45d，子宫恢复到正常的非妊娠状态。

子宫颈位于耻骨前缘附近，与牛的子宫颈大小相似，长 5.0～6.5cm，直径 3～4cm，质地柔软，宫颈短，直肠检查时不易摸到。但是，单峰驼的子宫颈有 3～6 个，高 0.5～1.0cm，其前部游离缘为伞状，构成子宫颈内口（图 1-27）。环状皱襞由前向后逐渐升高，最后的一个皱襞高约 1cm，向后稍突起，构成子宫颈外口。此外，子宫黏膜还形成许多小皱襞。皱襞上皮为高柱状细胞，有的呈分泌相。子宫颈阴道部长 1～1.5cm，上部较下部明显，直径为 2～2.5cm。在卵泡活动期间，骆驼子宫颈管长为 4～6cm，直径为 3.5～6.1cm；在卵巢不活动期间，子宫颈管的长度略有缩小。子宫颈向阴道尾端突出，形成深度不等的阴道穹隆（1～1.5cm）。子宫颈阴道突出部分的大小和在阴道内的实际位置因动物而异，子宫颈外口的外观也因发情周期的不同而不同。在成熟卵泡的存在下，子宫颈收缩水肿，阴道检查时呈开放状态；在黄体期，子宫颈变得干燥，子宫颈口通常由最后两个子宫颈环的皮瓣覆盖；在妊娠期间，子宫颈变得非常紧；在妊娠晚期，子宫颈被向前和向下拉伸超过骨盆边缘；在分娩后的 2 周内，子宫颈的大小和位置恢复正常。

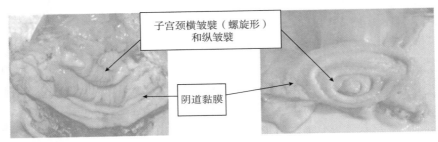

子宫颈横皱襞（螺旋形）和纵皱襞

阴道黏膜

图 1-27　母驼子宫颈
（资料来源：Jarrar，2015）

（二）组织结构

子宫壁的组织构造从外向里为浆膜、肌层和内膜（图 1-28）。内膜由上皮和固有层组成，固有层中含有单管腺，有时分支在固有层深部（靠近肌层）。上皮为单层柱状细胞，由纤毛细胞和分泌细胞混合而成。子宫腺上皮与浅层表皮相似，但纤毛细胞少见。固有层结缔组织中富含成纤维细胞，结缔组织纤维以网状为主。子宫肌层有一层厚的内环肌，同时有一层薄的外纵层平滑肌，一直延伸到子宫系膜。在外纵层之间有一个血管层。黏膜上皮为单层柱状上皮，纤毛稀少，但有的部分为假复层柱状上皮或单层立方上皮，使黏膜上皮呈高低起伏状。固有层黏膜厚而发达，分为浅层和深层，浅层薄而细胞密集，有丰富的毛细血管；深层厚，由松散的胚性结缔组织构成，内含大量腺体和螺旋动脉。子宫腺为长而弯曲的单管状腺，可伸达浅肌层内，腺腔内有时充满分泌物，腺上皮为单层柱状上皮，表面见少量纤毛，基膜薄而不明显，腺上皮细胞间常夹有淋巴细胞。子宫颈黏膜上皮主要为单层柱状上皮，但有时也见假复层柱状上皮，二者交替出现时，上皮呈波浪状起伏。子宫颈黏膜上皮表面也有少量纤毛。

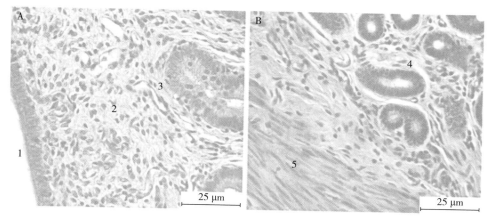

图 1-28　母驼子宫组织横切面

A. 内膜纤毛柱状上皮，固有层富含成纤维细胞，子宫内膜近腔腺体

B. 子宫内膜基底部的子宫腺及子宫肌的平滑肌层

1. 宫腔上皮　2. 基质层　3. 近腔腺体　4. 基底腺体　5. 子宫肌层

(资料来源：Emam，2014)

（三）功能

1. 贮存、筛选和运送精液，促进精子获能　骆驼发情配种时，开张的子宫颈口有利于精子进入，并具有阻止死精子和畸形精子进入的能力，可防止过多的精子到达受精部位。大量的精子贮存在复杂的子宫颈隐窝内。进入子宫的精子借助子宫肌的收缩作用运送到输卵管，在子宫内膜分泌液作用下，使精子获能。

2. 促进孕体附植、妊娠和分娩　子宫内膜分泌液既可使精子获能，还可提供早期胚胎生长发育所需的营养；胚泡附植时子宫内膜形成母体胎盘与胎儿胎盘结合，为胎儿的生长发育创造一个良好的环境。妊娠时子宫颈黏液高度黏稠形成栓塞，封闭子宫颈口，起屏障作用，防止子宫感染。分娩前子宫颈栓塞液化，子宫颈扩张，随着子宫的收缩使胎儿和胎膜排出。

3. 调节黄体功能，促进发情　子宫通过局部和卵巢血液循环调节黄体功能和发情周期。未妊娠子宫角在发情周期的一定时期分泌前列腺素 $F_{2\alpha}$，使卵巢的周期黄体消融退化，触发促性腺激素的分泌，引起新一轮卵泡发育，促进发情。

四、阴道和阴户

母驼阴道长 25～30cm，位于骨盆腔中，呈上下压扁的短管，其背侧为直肠，腹侧为膀胱及尿道。阴道前部宽，后部窄，围绕子宫颈阴道部，常有一至数圈宽大的环状皱襞。在子宫颈外口有纵行向后的黏膜皱襞。阴道前部的黏膜呈网格状，在阴瓣之前纵行皱襞末端形成数个肉垂。阴道前部和前庭被一条坚固的组织带（前庭括约肌）和处女膜隔开，这种结构在未经产或年轻的母驼中非常紧固，给阴道检查造成困难。

尿生殖前庭为阴瓣以后的一段，长 5～7cm，黏膜呈粉红色，尿道外口开口于阴瓣后。前庭大腺发达，开口于尿道外口后约 3cm 的前庭侧壁的 2～3 个憩室中，尿道下憩室与牛的相似，深 4～5cm，给母驼导尿时应注意。前庭黏膜下有发达的海绵体，并与尿道海绵体及阴蒂海绵体相连。

外阴为尿生殖前庭的外口，位于肛门正下方，长为 6～7cm。阴门由左右两阴唇上下相连构成，两阴唇间的裂缝为阴门裂。在卵泡发育期，可见外阴水肿。然而，在分娩前一周，外阴变得更加松软和水肿。阴蒂很小，没有明显的阴蒂窝。尿道也很短，尿道口的开口很小。处女膜或其残迹标志着外阴与阴道的分离。

五、子宫阔韧带

子宫阔韧带自腰下及骨盆侧壁连接卵巢、输卵管及子宫的左右两幅宽带，其内肌层发达。子宫阔韧带的前部较厚，含蔓状血管丛，连于卵巢的部分为卵巢系膜，连于输卵管的部分为输卵管系膜。输卵管系膜由卵巢蒂后方绕到外侧，直达子宫角尖端，向下形成一个兜状的囊袋称为卵巢囊。卵巢囊的内侧面为卵巢固有韧带，外侧壁由输卵管系膜共同围成，再由外侧壁分出一褶皱形成隔膜，将卵巢囊分为内外两部分，外囊深，内囊浅。输卵管沿内囊底壁蜿蜒向后延伸到子宫角尖端。在阔韧带外侧形成一黏膜褶皱，游离缘内含一纤维索称为子宫圆韧带，该韧带很发达，由子宫小弯中部走向腹股沟管内口附近。左侧子宫阔韧带较右侧的长而宽，因此左侧卵巢活动范围大，直肠检查时难以摸到。

六、生殖器官动脉

母驼生殖器官的动脉特点是每侧有子宫卵巢动脉和子宫后动脉，没有子宫中动脉（图 1-29）。子宫卵巢动脉在腹主动脉末端前 6～7cm 处，于肠系膜后动脉前方，由腹主动脉腹面分出，两侧的动脉有一共同主干或分别分出子宫卵巢动脉，在子宫阔韧带前部盘曲向下延伸，形成蔓状丛，在未到卵巢以前，分为数支，一支分布于卵巢称为卵巢动脉，一支走向子宫角前端称为子宫前动脉，并沿小弯向后行，与子宫后动脉吻合。另外有些小支分布于卵巢囊和输卵管。

子宫后动脉为尿生殖动脉主干的延续，除分出阴道动脉、膀胱前动脉、膀胱中动脉、输尿管支外，在子宫阔韧带中，沿阴道前部、子宫颈、子宫体及子宫角小弯蜿蜒前伸，沿途除分支分布于这些器官外，还与子宫前动脉吻合。

尿生殖动脉（包括子宫后动脉的起始端在内）的起始端到阴道的这一段，是由上向下向后伸延，短而游离，直肠检查时易于摸到，并能用手捏住。

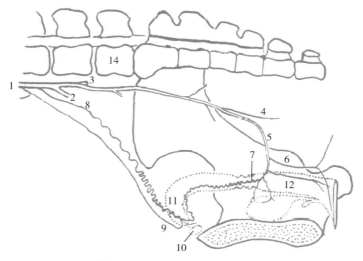

图 1-29　母驼生殖器官动脉示意

1. 主动脉　2. 髂外动脉　3. 髂内动脉　4. 臀后动脉　5. 尿生殖动脉　6. 会阴阴蒂动脉　7. 子宫后动脉
8. 子宫卵巢动脉　9. 返回支　10. 卵巢　11. 子宫角　12. 阴道　13. 膀胱　14. 腰椎

（资料来源：苏学轼等，1978）

第二章

公驼繁殖生理

CHAPTER 2

骆驼的繁殖机能主要通过产生精子和交配等生理活动来实现。精子发生包括精原细胞的增殖、精母细胞的发育与成熟分裂以及精子的形成三个阶段。精液品质直接影响受精、胚胎发育等繁殖过程。对骆驼繁殖生理学的充分了解是对它们进行良好管理，并对公驼不育症进行合理治疗的关键。本章主要介绍公驼的性机能发育及性行为、精子的发生和成熟、精子的形态结构与化学组成、精子的代谢和精液等内容。

第一节　公驼性机能发育及性行为

一、公驼性活动年龄

（一）初情期

骆驼的初情期是指公驼发育到开始具有繁殖机能的一段时期。这一时期，在睾丸内间质细胞分泌的雄激素刺激下，公驼开始出现性反射，能够和母驼交配，并开始出现第二性征，睾丸内开始生成精子。由于雄激素的分泌比精子的生成早，所以，一般是出现了性反射以后才有精子生成。良好的营养和环境条件有助于骆驼早期性发育和成熟。

在大部分地区，双峰驼初情期为 3 岁，青海柴达木地区一般为 4 岁，但膘情好的公驼在 3 岁时就出现性反射。公驼羔出生后几个月，即在行为上表现爬跨其他母驼或骟驼。单峰公驼初情期为 3～4 岁，5 岁开始具有正常繁殖活动，6 岁时具有完全的生殖活力。南美驼在出生时，阴茎完全与包皮粘连，随着公驼个体的发育成熟，粘连逐渐分开，睾丸开始分泌睾酮，1 岁公驼开始表现性行为。但在此时，只有 8％的公驼阴茎与包皮的粘连能完全分开，可以进行交配。2 岁时 70％的公驼阴茎与包皮不再粘连，3 岁时所有公驼的阴茎都可伸出，可正常配种。

（二）体成熟

公驼进入初情期后，虽然具备了繁殖能力，但在驼群中由于成年公驼的统治而难以进群交配，而且配种过早会妨碍公驼身体的发育及影响后代的品质。因此，要求公驼达到体成熟时才能开始配种。体成熟即公驼的生长发育已经基本完成，获得了成年公驼固有的形态及机能。

双峰驼开始配种的年龄为 5～6 岁，个别发育好的公驼在 4 岁时可放入群中参与配种。单峰驼在 3 岁时达到初情期，但其完整的性行为要在 6 岁左右才能表达出来，有时甚至延迟到 8 岁才能配种。南美驼 3 岁时即用来配种。当单峰骆驼状态良好时，一季可配 20～50 峰母驼。在发情期，公驼雄激素（血液、尿液和枕腺）分泌增加。

对于公驼的繁殖年限，暂未找到确切的记录资料。一般认为双峰公驼 15 岁以后配种能力开始降低，但也有 20 岁以上仍能配种的情况；单峰公驼的配种能力在 10 岁以前呈逐渐上升的趋势，然后基本维持恒定，18～20 岁时开始降低。公驼繁殖年限可能因品种、遗传、营养和气候变化而有所不同。

二、公驼发情季节

（一）发情期

公驼季节性发情时，表现在性行为、生殖器官的形态和功能以及内分泌结构的变化。由于骆驼地理分布广泛，繁殖季节变化很大，但通常与低湿度、低温和降雨增加的时期相吻合。发情季节的开始也会受到驼群管理和个体的影响。在驼群中，放养的公驼往往比圈养的公驼更早进入发情期，且发情期持续时间更长。双峰公驼发情具有明显的季节性，在发情期会有明显的发情表现，能够参与配种，发情期过后一切恢复平静，进入休情期。公驼在非发情季节，性情温驯，容易控制，但在发情季节，它们对其他公驼和人类变得极具攻击性。

大多数双峰驼在 11 月下旬即有性活动的表现，如彼此咬腿、咬尾巴、爬跨并互相对抗等，逐渐在驼群中建立统治地位。这种争夺配偶的现象虽然不像野生哺乳动物那样激烈，但也十分明显。每峰公驼在占有一定数量的母驼并组成自己的群体之后，会阻止其他公驼进群交配，甚至撕咬闯入的公驼；母驼也很难逃脱离群体，一旦试图逃脱，会遭到占统治地位公驼的攻击。因此，放牧时，牧工常用公驼赶群。公驼一般是从 12 月中上旬才明显开始发情，发情结束时间为 4 月中旬，发情期约为 4.5 个月。在发情季节内，因公驼发情表现的明显程度及发情开始和结束的时间不同，故公驼的发情有"冬疯"和"春疯"之分。

"冬疯"是指在 12 月中上旬至翌年 1 月上旬这一时期开始发情的公驼。这类公驼一般是膘情好、体力强的壮年公驼。它们的发情现象一开始就比较明显，经过数天仍很旺盛。在辅助交配的情况下，它们的配种能力可以维持到 2 月下旬至 4 月上旬；然而至发期末期，虽仍能交配，但性欲降低，交配持续时间缩短，发情表现消失。在自由交配时，此类公驼的配种能力仅维持到 2 月中旬至 3 月上旬。一般来说，发情表现开始出现都比较突然，但发情的停止则是逐渐的，这时公驼开始吃草，并且表现和不发情前一样，人接近时会尖叫或喷草沫。

"春疯"是指 2 月上旬至中旬开始发情的公驼。这类公驼一般年龄小、膘情差。它们从发情季节开始即能使母驼受孕，但不敢和体力强的壮年公驼相斗，只能在群外游荡，性兴奋现象也受到抑制，仅轻微表现吐白沫、发出嘟嘟声、磨牙、枕腺有少量分泌物，以及摩擦枕腺部和体力相等的公驼进行斗殴等。只有当壮年骆驼不在附近时或在夜间，它们才敢偷偷进群交配，然后再次被逐出驼群。等到 2 月，"冬疯"公驼的发情程度开始减弱，它们才表现出明显的发情现象。"春疯"公驼发情停止的时间为 4 月中旬，发情持续时间为 60～70d。此外，有的公驼（年龄较小）在整个发情季节中的发情现象都不明显，性欲也不旺盛，即使能够配种，持续时间也仅有 20 余天。

单峰驼发情的季节性变化不太明显，在某些热带沙漠地区，甚至发情没有任何季节性变化。单峰驼通常在低湿度、低温和降雨增加时期进入发情期。例如，在印度，9月下旬至翌年3月；在撒哈拉沙漠和撒哈拉沙漠以南地区，10月至翌年5月；在中东，10月下旬至翌年4月下旬，单峰驼均可发情。屠宰场收集的标本表明，单峰母驼在5月、8月、10月以外的任何时间均可妊娠。这种特点受地理环境的影响较大，一般认为单峰驼的性活动从11月至翌年7月最为明显，而在其他时间则相对较弱，但仍可以使发情母驼受孕。

（二）季节性发情解剖学和组织学变化

解剖学上，单峰驼在繁殖季节的睾丸重量、体积、阴囊周长和睾丸硬度评分均显著高于非繁殖季节，不同气候条件下也存在显著差异（$P<0.05$）（表2-1）。这些发现可能是由于在发情季节间质组织和精子发生的数量增加以及软腭的生长所致。此外，夏季睾丸重量的减少可能是受热应激，使生精上皮退化和生精小管部分萎缩所致。然而，Ismail（1979）发现，埃及骆驼的睾丸重量在夏季最高（71.3g），冬季最低（56.0g）。在繁殖季节，受睾酮浓度增加和间质组织发育的影响，精子发生加快而睾丸变大。阴囊周长方面，Zeidan和Abbas（2004）表明，与非繁殖季节相比，单峰驼发情期的阴囊周长明显高。这是因为夏末的高温环境导致阴囊下垂而褶皱减少的缘故。在非繁殖季节，高温高湿时，睾丸硬度得分显著低于高温干燥月份。对单峰驼来说，繁殖季节睾丸紧实度评分显著高于非繁殖季节（$P<0.05$）。一般来说，光周期似乎在调节骆驼睾丸的季节性活动（发情季节）中起主要作用，而骆驼被认为是短日照育种动物。另外，在发情季节，单峰驼最明显的变化是其枕腺分泌活动增强，从而产生发情公驼特有的气味；在非繁殖季节枕腺重量为40~100g，在繁殖季节可增加至200~240g。

表 2-1　不同环境条件对单峰驼睾丸大小的影响（平均值±SEM）

项目	繁殖季节	非繁殖季节	
		高温高湿	高温干燥
睾丸重量（g）	128.61±2.06[a]	102.27±2.11[c]	114.15±2.21[b]
睾丸体积（cm³）	116.30±1.79[a]	82.18±1.83[c]	101.75±1.92[b]
阴囊周长（cm）	26.83±0.95[a]	14.23±0.96[c]	20.15±1.02[b]
睾丸硬度（评分）	7.80±0.27[a]	6.45±0.27[b]	6.82±0.29[b]

注：同一行中不同肩标的字母表示有显著性差异（$P<0.05$）。

组织学上，繁殖季节骆驼右侧睾丸的组织切片显示，其由高度活跃的、许多不同形状（椭圆形、卵形和圆形）和大小的曲细精管（ST）组成（图2-1A）。左侧睾丸中，ST由不同发育阶段的生精细胞（精原细胞、精母细胞、精子细胞和精子）构成（图2-1B）。ST被大量卵圆形间质细胞包围。在高温高湿的非繁殖季节，右侧睾丸的ST（图2-1C）出现退化和空泡化。同时，在高温干燥的非繁殖季节，左侧睾丸间质细胞数量增多（图2-1D）。在高温干燥的非繁殖季节，右侧睾丸由许多不同形状、大小和生理状态的ST构成（图2-1E）。在高温干燥的非繁殖季节，左侧睾丸中，ST细胞在非繁殖季节以空泡化和一些生精细胞脱皮的形式耗尽（图2-1F）。

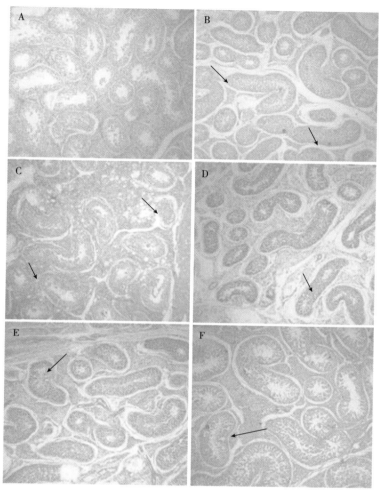

图 2-1　公驼繁殖季节和非繁殖季节睾丸组织切片

A. 繁殖季节右侧睾丸不同形状和大小的曲细精管（10×）　　B. 繁殖季节左侧睾丸曲细精管上皮由精原细胞、精母细胞、精细胞和精子组成（箭头所示，40×）　　C. 高温高湿月份右侧睾丸曲细精管退化并空泡化（箭头所示，40×）　　D. 高温高湿月份左侧睾丸内有大量卵圆形间质细胞　　E. 高温干燥月份右侧睾丸内有一系列惰性、非活跃的生精细胞（箭头所示，20×）　　F. 高温干燥月份左侧睾丸生精细胞系的耗竭和空泡化以及细胞屑（箭头所示，20×）

（三）季节性发情内分泌的变化

季节性主要是通过光照时间的变化来调节的，但是其他环境因素如温度和气候变化以及优质饲料的供应也会影响繁殖的季节性模式。机体通过松果体-下丘脑-垂体-性腺轴调节雄性生殖季节性。松果体节律性分泌褪黑素，将光照信号转化为化学信息。随白昼变短褪黑素分泌水平增加，激活短日照繁殖动物，抑制长日照繁殖动物的下丘脑-垂体功能，进而影响下丘脑分泌促性腺激素释放激素（GnRH）。GnRH 激活垂体前叶卵泡刺激素（FSH）和黄体生成素（LH）的分泌。FSH 和 LH 激活睾丸外分泌和内分泌功能。LH 刺激间质细胞产生睾酮，FSH 和睾酮协同作用于精子发生过程。在雄性动物中，睾酮通过反馈机制调节褪黑素对 GnRH-促性腺激素系统分泌活动的影响。在短日照发情动物中，当日照开始变短时，睾酮分泌减少，随之褪黑素浓度增加；而在长日照发情动物中，当日照开始变长时，睾酮分泌增加，随之褪黑素浓度减少。光照诱导性腺活动变化的机制之一，取决于类固醇对长日照和短日照发情动物的 FSH 和 LH 分泌的负反馈效应。研究表明，在公驼中，褪黑素植入物可以通过增加公驼的性欲和睾酮水平来改善非繁殖季节的繁殖性能。

公驼在发情季节内分泌的变化主要是雄激素分泌增加，特别是睾酮。例如，在摩洛哥，每年 10 月开始公驼睾酮水平从 2ng/mL 增加到翌年 1 月时的 24ng/mL，5 月又恢复到 4ng/mL。发情季节睾丸激素水平升高可能是由于睾丸间质细胞对 LH 的敏感性增加或垂体 LH 分泌增强，或二者共同作用增加了睾丸激素的合成和释放。垂体和血液中 FSH 水平明显受季节的影响。冬季时 FSH 浓度达到最高，之后趋于下降，到夏季浓度最低，秋季时浓度再次逐渐上升。虽然在血液或垂体中 LH 没有明显的变化，但在较冷的月份（12 月至翌年 1 月），公驼 LH 脉冲的最高频率和振幅会出现。血清促乳素水平在非繁殖季节较高，在发情季节显著降低。因此，高促乳素症在非繁殖季节可能是由于抑制 FSH 和 LH 的合成和分泌而导致单峰公驼的繁殖能力和性欲下降所致。

三、公驼性行为

（一）兴奋

公驼进入配种季节，经常处于性兴奋状态，对母驼非常敏感。公驼出现高度性兴奋的时期在西方国家称之为鲁特（Rut），在印度的大多数地区称之为穆丝（Musth），在阿拉伯国家称之为海克（Heg），而我国的大多数地区称之为"发潮"或"疯"，牧民称之为"发疯""发潮"或"发性"。骟驼一般不会表现性兴奋状态，但是有些骟驼，尤其是有一定性经验的去势公驼，有时也爬跨发情母驼。处于性兴奋状态下的公驼，会表现一些其他公畜没有的发情特征。

1. 吐白沫 双峰公驼发情旺盛时，食欲减退，踢打，口中常吐白沫（图 2-2A），而且吐出的白沫非常多，甚至整个头部呈白沫状，这种现象在看到其他公驼交配以及追逐其他公驼时非常明显；但在安静时，吐沫停止。白沫主要为唾液腺的分泌物，公驼进入发情季节后其唾液腺的分泌机能加强。单峰驼除吐白沫外，软腭明显水肿、变长，且随着吐白沫常常将粉红色的软腭喷出（图 2-2B）。这种现象可能是由于从瘤胃中喷出大量的气体所致。去势公驼的软腭也明显伸长，但从不喷出。

2. 发声 发情公驼口中发出嘟嘟声，喉中发出吭吭声，这主要发生于兴奋时，越兴奋声音越大。牧民通常把吐白沫及发出嘟嘟声合称为"吹"。

3. 磨牙 无论兴奋或安静时，发情旺盛的公驼都磨牙。性欲不旺盛的公驼在安静时不磨牙。公驼磨牙时会不时露出长而尖的门牙。

4. 枕腺机能增强 枕腺（图 2-3）分泌物增多，是公驼发情的一个明显特征，并且是发情程度的标志，牧民将分泌物称为"宝克"（蒙古文的音译）、"脑油"或"骚油"。

图 2-2　公驼发情旺盛期口吐白沫和软腭水肿

A. 双峰驼　B. 单峰驼

（资料来源：Skidmore，2000）

枕腺为 2 个皮肤腺，位于枕骨脊后的第一颈椎两侧皮内，由腺体和紧密相连的弯曲的分泌管道构成；分泌管从腺体通向颈部毛囊与外界相通，其顶部由扁平状上皮细胞构成，内部由两层柱状细胞构成（外层是肌上皮细胞，内层是分泌细胞），"宝克"通过分泌管排出体外。腺体表面长有分散的针状保护毛，其毛囊旁边可以清晰地看到汗腺排泄管，其开口与其他部位的相一致，所以枕腺被认为是外分泌腺。但腺体内部组织与内分泌腺很相似，Tibary 根据组织学研究表明，公驼枕腺可能是内分泌的来源。因此，枕腺为兼有内分泌腺和外分泌腺两种特性的自主独立的管状腺体。腺体的分泌物有特殊气味，但仅见于公驼；而母驼的枕腺区组织检查只见有初级汗腺管圈；骟驼的枕腺退化。因此，枕腺的发育受雄激素调节。4 岁公驼枕腺的大小和机能，根据是否发情和发情程度不同而有很大差异：不发情或发情不旺盛的公驼枕腺长 2～5.5cm，中部宽 1～3cm；发情旺盛的公驼枕腺长 5.2～6.7cm，宽 2.8～5.5cm，宝克的分泌量和酶的活性达到高峰；发情停止时，枕腺长度缩小到 2.0～5.5cm，中部宽度为 1～3cm，"宝克"的分泌也停止。发情的成年公驼枕腺长可达 8～10cm，中部宽 4～7cm，夏季不发情时枕腺的长度缩小 15%～40%，且稍变窄。

枕腺由发达的皮脂腺和汗腺组成。枕腺处皮肤色黑、突起、毛长而稀疏，分泌物从毛孔处排出。公驼发情越旺盛，分泌物越多。出汗及夏季天热时，枕腺处皮肤也有大量分泌物。分泌物为一种浅棕色或琥珀色、具有恶臭气味的黏稠液体，易溶于水，有人将公驼的这种分泌物称为枕腺分泌物或颈腺分泌物。据分析，枕腺分泌物中所含化学物质基本上有两类，即甾体激素和短链脂肪酸，这两类化学物质是与性有关的"化学信息"，可通过嗅觉影响其他个体，其作用是诱导母驼发情。

5. 发痒　公驼发痒的表现是时常将头向后仰，在前峰上摩擦枕腺部，在草墩上摩擦头颈部，并打滚。公驼的这种行为除与发情时全身发痒有关外，还可能与其在打滚时散发一定的气味来标记领地有一定的关系。

6. 打水鞭　发情旺盛的公驼，常表现一种特殊姿势，即将后腿叉开，后躯半蹲，头部高抬（图 2-4），同时尾巴有节律地上下击打。尾巴向下击打时，有时排出少量尿液，向上击打时即将后峰及臀部打湿并结冰，因而牧民称之为"打水鞭"。为了防止打

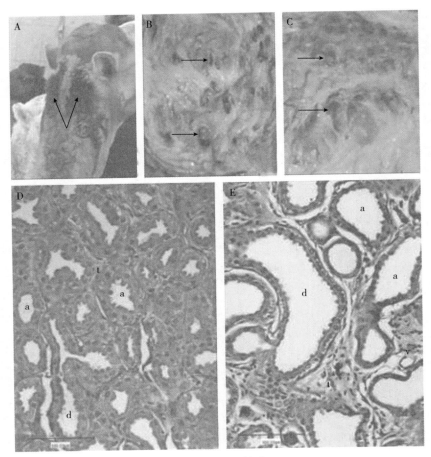

图 2-3　公驼枕腺

A. 发情季节枕腺分泌的深棕色分泌物（箭头所示）

B. 发情季节枕腺（未固定），显示许多分泌小叶有深色分泌物（箭头所示）

C. 非发情季节枕腺（未固定），显示空的分泌小叶（箭头所示）

D. 发情季节枕腺腺泡（a）具有高上皮细胞、导管（d）和薄间质结缔组织（t）

E. 非发情季节枕腺腺泡（a）具有矮上皮细胞、导管（d）、厚间质结缔组织（t）和血管（v）

（资料来源：Ibrahim，2020）

水鞭，需要将尾巴拉起并系于后峰上。公驼兴奋时，打水鞭的表现更加频繁。

7. 包皮肿胀　主要发生在包皮前缘的组织，发情旺盛时公驼腹部大为缩小，包皮肿胀更加明显。

8. 食欲减退　公驼开始发情后，食欲减少；发情旺盛时，食欲减退，停止反刍，经过数天，腹部明显缩小，膘情急剧下降。但这时公驼力气仍大，甚至可比平时驮载更多。有的公驼在发情特别强烈时，连精饲料也吃得很少，因而在发情末期外观十分消瘦。单峰驼在发情季节由于食欲减退，失重可达 $16\%\sim25\%$。

9. 跑动　公驼兴奋时跑动姿势很特殊，有时是两后腿叉开向前跑，头颈放低，口吐白沫，发出嘟嘟声，并且唇部上下甩动，上下臼齿互相敲打，状甚凶恶，以威慑对方。双峰驼发情时性情仍然比较温驯，但对其他公驼则攻击能力强，有时甚至难以控制；单峰驼在兴奋时性情变得凶暴，甚至咬人。

图 2-4　发情公驼打水鞭

A. 双峰驼　B. 单峰驼

（资料来源：Skidmore，2000）

10. 对抗　发情程度和体力大致相同的公驼，时常彼此相随并且以体侧相抗或互压颈部；还常以肩部彼此对抗，并伺机咬对方的腿，有时还彼此咬尾巴及睾丸。为了防止咬伤，可给发情公驼带上笼头，使其口不能张大，但能进食。此外，发情公驼被拴住时，有的会发出低沉宏大的嘶叫声。统计公驼每天对抗行为的总频次后（图 2-5），可以发现发情期公驼的对抗行为先增加后降低，表明发情争斗与发情过程具有一致性。发情初期，公驼开始出现对抗，维持在较低的水平；发情中期，争斗交配权的对抗行为频次明显增加，此种情况维持近 30d，最后获胜公驼得到交配权；发情末期，获胜公驼与母驼交配后，将主要精力用来防范其他公驼骚扰，但因母驼交配后不再发情，公驼争斗的频次逐渐降到与发情前期基本一致。

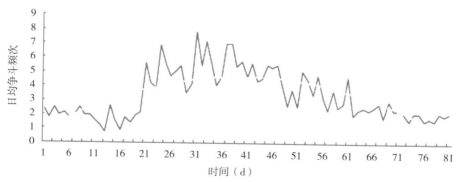

图 2-5　发情期公驼日均争斗趋势

（资料来源：杨思忠，2011）

11. 追随母驼　繁殖季节，公驼继续寻找能够接受爬跨的母驼。它们嗅母驼的会阴和体侧，经常表现性嗅反射。公驼通常会追逐母驼，并通过在脖子上施加压力和咬驼峰来迫使母驼卧下。这些行为将使公驼在繁殖季节体重下降。

（二）性嗅反射

性嗅反射（图 2-6）是公畜特有的一种性行为。其主要特点是公畜在嗅闻母畜的尿液、会阴部或其他部位后将头颈伸直，上唇耸起，暴露牙床和切齿。这种反射可能是由于母畜的尿液中含有各种刺激物质，尤其是各种外激素，通过嗅觉反射而使公驼表现出来的一种性行为。阿布代·拉律（Abdel Rahin）和阿·那希尔（Al Nazier）（1992）为研究母驼尿液中外激素及公驼的嗅觉反射在性嗅反射中的作用，进行了一系列气味刺激试验。他们收集了繁殖季节中母驼的尿液，并将公母驼分开，然后使公驼嗅闻不同的尿液样品，观察公驼的性嗅反射。结果表明，公驼只在嗅闻未妊娠母驼的尿液或加有乙酸的驼羔尿液时才表现出性嗅反射。

图 2-6　公驼性嗅反射
（资料来源：Padalino，2015）

（三）发情周期

家养双峰驼的发情行为有"骆驼发情九个九"的说法，即骆驼的发情基本与农历的数九寒天一致，约80d。野生双峰驼的发情周期约90d。野生双峰驼的发情周期大致分为发情前期、发情中期和发情后期三个阶段。

1. 发情前期　发情公驼采食开始减少，兴奋不安，游走增加，排尿次数增多，白天很少卧息。发生打斗行为，且比平时对抗更激烈、持续时间更长，每次持续7～8min。迎战的下级公驼也不像平常会尽量逃避或适当打斗而很快撤退。

2. 发情中期　在打斗中获胜的公驼高度兴奋，躁动不安，昂着头在场地中徘徊，对群中其他公驼的排斥攻击倾向很强。采食明显减少，饮水量少，应适当补充盐分。公驼逐渐出现磨牙、吐白沫、打水鞭现象，对母驼排泄物嗅闻次数明显增加，常跟踪母驼嗅阴。如果遇到发情母驼，会拼命追逐直至母驼卧地接受交配为止。其他公驼在场地中跟随奔跑、跳跃、追逐并骚扰正在交配的骆驼。

3. 发情后期　公驼采食量缓慢增加，磨牙、吐白沫、打水鞭现象逐渐减少，不允许其他公驼接近，但主动攻击行为明显减少。这段时期会持续40d左右，然后公驼基本恢复正常，开始采食，一般不主动攻击其他个体。

（四）配种能力及其影响因素

公驼的配种能力是受年龄、体况及配种方法等因素的影响。壮年、膘情好的公驼，发情较早；而年龄小、膘情差的公驼受强壮公驼的抑制，发情开始较晚，发情程度较轻。骑乘公驼有时发情开始也比较晚，这常与使役时间长、膘情差有关。为了维持公驼的体力，延长配种能力持续的时间，在发情季节到来以前，必须使公驼抓好膘，配种期间必须给公驼补喂饲精料，并采用人工辅助交配。

群内如有年龄、膘情大致相同的公驼，可以彼此促进发情开始的时间及表现的程度。此外，发情的表现及配种能力也可受到以下因素的影响：①被其他强壮公驼咬伤后，发情表现暂时中断或提早结束；②年龄大、膘情差的公驼，发情程度较轻，结束较早；③疾病对发情有抑制作用。

总之，公驼的发情季节约为4.5个月，但实际配种时间可能没有这样长。因此，群内需要搭配年龄不同、发情时间也不同的公驼。可先拴住"春疯"公驼，待"冬疯"公驼性欲减弱时，再让"春疯"公驼配种，以便在整个发情季节内都有能够配种的公驼。

第二节　骆驼配种

双峰公驼3～4岁性成熟，5～6岁开始配种，15岁后配种能力降低，但20岁后仍能利用。公驼发情时的症状有磨牙，口吐白沫，喉中发出嗷嗷声，磨牙时发出锵锵声。发情公驼发生对抗与追逐，枕腺分泌物增多，发痒，食欲减退或停止反刍，包皮肿胀，后肢叉开，后躯半蹲，头颈高抬，同时尾部有节奏地上下甩打。每年12月上旬至翌年1月上旬公驼开始发情，发情季节内公驼的发情程度存在个体差异，而且发情开始和结束的时间也有所不同。膘情好、体型大的壮年公驼，性欲旺盛，配种能力强，争夺配偶，但性欲丧失时间也较早，仅可在配种前期担任主配，通常可维持到2月下旬至4月上旬；2月中上旬开始发情的，一般是年龄小、膘情差、体型小、体力弱的公驼，这类公驼平时不敢进群，性兴奋常受到抑制，发情时间较晚，性欲可维持到配种季节结束。

一、公驼性行为特征

公驼在刚达到初情期且交配的条件反射尚未养成以前，不但爬跨母驼，而且也爬跨骟驼。随着公驼年龄的增长，逐渐形成条件反射，但个别公驼在性欲强烈时，也会与不发情的母驼交配。

（一）公驼的性序列

公驼的性序列有求偶、爬跨反射、勃起反射、插入及抽动反射、射精反射等过程。

1. 求偶　公驼与其他公畜不太一样，交配前没有明显的求偶行为。公驼常嗅闻母驼的阴部，嗅闻后有些公驼表现性嗅反射，但有些公驼则没有。公驼会追随发情母驼，咬其尾巴或四肢，或用颈部或体侧对抗母驼，偶尔还把头抵于母驼腹部。公驼在求偶的过程中会保持站立，而此时阴茎还未完全勃起。

2. 爬跨反射 骆驼交配时母驼卧下，公驼由后向前跨于母驼后躯之上，呈犬坐式进行交配（图 2-7）。母驼卧下后，公驼自其后方将两前腿向前移至母驼腹部两旁，至胸部达到母驼的后峰时站住，后肢踏步数次后后躯向前移动，后肢和下腹部与母驼的臀部贴紧。这时公驼前肢向前移动，到达母驼的季肋部两侧，全身重量主要由飞节及其以下的部分支持。公驼前肢夹住母驼或交换着地。

图 2-7 公驼交配
A. 双峰驼 B. 单峰驼
（资料来源：Skidmore，2000）

3. 勃起反射 公驼的阴茎勃起发生于坐下后。当阴茎勃起时，包皮孔前上方的皮下组织收缩，使包皮腔成为一个直的管道。阴茎勃起后 S 状弯曲伸直变硬，直径并不明显增大，前端的钩状体时常左右转动。

4. 插入及抽动反射 阴茎插入阴道前，有几次明显的寻找动作，阴茎头沿阴茎的纵轴转动，在母驼的阴门周围四处寻找，找到阴门后即插入阴道。公驼的抽动反射非常明显，即臀部不停地前后推动。

5. 射精反射 阴茎插入阴门后，就有少量的透明液体从阴道流出。液体干燥后在显微镜下检查，可见大量羊齿状结晶，但无精子。当阴茎抽动数次，臀部向前顶时，可看到尾根发生很轻微但明显可见的下压。同时钩状体甩出或射出少量精液，其中含有大量精子。单峰驼每次交配时，骨盆部抽动约 10 次。公驼一般射精数次，并且射精次数和交配时间的长短有关。交配过程中，公驼有时中途停止，然后重新爬跨母驼。

（二）交配的持续时间

公驼交配的持续时间可能会有所不同，并会随着天气变暖而缩短。双峰驼公驼性交持续时间为 1～6min，平均 3min，有少数个体可达 10min。采精的时间平均为 6min，范围为 7～35min，且交配的频率也较高。美洲驼交配的平均时间为 20～30min。Fernandez-Baca 等（1993）认为交配 5～8min 后公羊驼开始射精。Tibary（2014）研究表明，公羊驼的年龄、交配季节和交配频率是影响交配时间的主要因素。有学者认为羊驼秋季的交配时间长于春季，交配持续时间与受精率无关。单峰驼平均交配时间为 5.5min，但整个交配过程可持续 3～25min。

（三）射精类型

公驼阴茎只有在母驼卧下时才能勃起，插入阴道后才能完全伸展。射精几乎发生在整个交配过程中。公驼身体的收紧伴随脖子的伸长通常意味着射精的发生。对交配前后子宫颈的检查表明，精液一部分在子宫内，另一部分在子宫颈或阴道内。

母驼发情时，子宫颈并不开大，精液不能直接射入子宫。因此，骆驼属于阴道射精型动物。但美洲驼属于子宫射精型动物。

二、配种

（一）配种方法

骆驼的配种方法可分为自然交配、人工辅助交配和人工授精。目前牧区广泛实行的是自然交配。

1. 自然交配　在自然交配的情况下，一般公母驼比例为 1 :（15～20），最多不能超过 1 : 30，以免造成空怀。由于母驼妊娠期 13 个月，2 年 1 胎，因此，每年驼群内参加配种的母驼大约占母驼数量的一半。发情母驼在公驼接近时会立即卧下接受交配；有些初配青年母驼或发情不旺盛的母驼，公驼会咬其后肢及尾根，压其颈部，强迫母驼卧地接受交配。

在生产实践中，为了保证驼群的受胎率，除配备有配种能力及遗传性状优良的壮年公驼外，还应留有发育状况良好的青年公驼，这样不仅可以提高驼群的受胎率，同时还可以检查后备公驼的配种能力及遗传性能。如果驼群中同时留有几峰年龄、膘情及发情程度相似的公驼，就会因争抢母驼而相互干扰，影响配种。此外，有些公驼因长期得不到配种机会而出现性欲降低，也会造成部分母驼空怀。

2. 人工辅助交配　骆驼的受胎率较高，大多数母驼交配后均能受胎妊娠。为了控制公驼交配次数，减少公驼的体力消耗，也可采用人工辅助交配。人工辅助交配还可记录配种母驼及血缘关系，可预测母驼产羔日期。"冬疯"公驼在人工辅助交配时，配种机能比自由交配时维持的时间更长。在规模大的驼群中，牧民常给主要担负配种任务的公驼进行人工辅助交配（晚上将公驼拴系），其他公驼则自由交配。因此，也就是一个驼群中，既有自由交配，又有辅助交配。

人工辅助交配时，应使母驼的后躯卧在一个稍高的地方，配种员蹲在母驼臀部的左或右侧，待公驼后腿踏步，准备坐下时，将母驼的尾巴拉至同侧，待公驼坐下后，立即用手捏住包皮孔，对准阴门，阴茎伸出时即可将其导入阴门。这时公驼的后腿马上要向前移，配种员注意及时躲避。

3. 人工授精　人工授精（artificial insemination，AI）是一项主要繁殖技术。但与其他家畜比较，骆驼的人工授精技术，尤其是冷冻精液的人工授精技术远远没有得到推广应用。在骆驼产业发展中推广人工授精技术，可以极大地推广优良种公驼的配种能力，长时间保存优良种质，有效地防止相关传染性疾病。同时，结合使用发情鉴定技术，能大大提高母驼的受胎率，加快良种的覆盖率，提高骆驼的生产性能。

（二）配种工作的组织

1. 对繁殖母驼单独编群　在大型驼场，应将繁殖母驼单独编群。通常在一个繁殖群中，既有参配母驼，又有产羔母驼，工作人员不但要照顾参配母驼，还要进行接羔工作。驼群都是分散放牧，相距甚远，所以配种前要做好配种和接羔准备工作。为了便于识别骆驼，进行精确配种及登记，可在骆驼颊部或股部做记号或戴耳标。

2. 选性欲旺盛的壮年公驼　性欲旺盛的壮年公驼保持交配能力的时间比发情季节的时间要短，而且为了培育后备公驼，群内需要有发情良好的公驼，以便它们发情结束后有年轻公驼代替。因为公驼在发情期间食欲大幅度下降，所以配种前须加强公驼的营养管理，使公驼有上等膘情。一般认为，公驼食欲减退后几天之内腹部收缩变小时，才能进行交配。实际上，公驼配种能力与发情旺盛程度有关，不是由腹部的大小决定，腹部缩小只是发情旺盛（食欲大减）的一种表现。在配种期间，为了维持公驼的体力和膘情，每天需要补饲精饲料 2～2.5 kg。公驼在发情旺盛时，会出现食欲减退，甚至不吃的现象。

3. 用公驼试情或者进行直肠检查　进入配种季节，为了及时发现发情母驼，每天早晨在出牧前应用公驼进行试情或对母驼进行直肠检查。

4. 复配　由于母驼是诱导性排卵动物，交配后 30～48h 排卵。因此，为了提高受胎率，当发现母驼发情时进行第一次配种，24h 后再配一次。在母驼生殖道健康良好的情况下，受胎率比较高，甚至会出现参配母驼全部受胎的现象。

第三节　公驼精子的发生和精子形态

一、精子发生

精子发生是指精子在睾丸内产生的全过程，包括曲细精管上皮的生精细胞分裂、增殖、演变和向管腔释放精子等过程，同时也存在时间和空间变化规律。尽管骆驼与多数哺乳动物的精子发生相似，但仍有其独特性。

（一）曲细精管上皮的基本结构

曲细精管在初情期形成管腔，曲细精管上皮由多层不同发育时期的生精细胞和支持细胞构成。随着分裂过程的持续发生，各发育时期的生精细胞依次从曲细精管外周向管腔迁移，最后形成精子并进入曲细精管管腔（图 2-8）。

1. 精原细胞　精原细胞位于基底层。根据精原细胞与基膜接触面积的大小，细胞和细胞核的大小、形状，以及细胞核内染色质包被的数量的不同，可将精原细胞分为A 型精原细胞（图 2-9A）、B 型精原细胞（图 2-9B）和中间型精原细胞。精原细胞是在

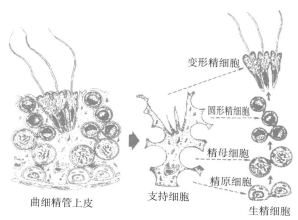

图 2-8　曲细精管上皮及精子发生

（资料来源：Hafes，1987）

胚胎发育阶段位于卵黄囊区域的原始生殖细胞内迁至原始性腺，经数次分裂形成性原细胞，在初情期前分化而来。大量不同类型的精原细胞位于曲细精管基膜（图 2-10）。

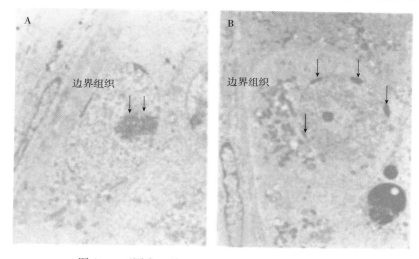

图 2-9　不同类型精原细胞的电镜扫描图（4 000×）

A. A 型精原细胞，卵圆核有明显的核仁（箭头所示）

B. B 型精原细胞，细胞核呈圆形，周围有一些异染色质（箭头所示），线粒体位于细胞核和基膜之间

（资料来源：Osman，1986）

（1）A 型精原细胞　扁平的大细胞，与基膜有大面积接触，其余细胞表面被邻近的支持细胞覆盖。细胞质的密度因细胞群而异。细胞核多呈椭圆形，长轴与基膜平行。核质均匀、颗粒细小、着色淡，但有边缘异染色质存在。偶有较大的核仁，位于中心或偏离中心的位置。细胞内含有少量的细胞器，主要是线粒体、核糖体和多核糖体。线粒体没有聚集，但有向细胞核一侧聚集的趋势。高尔基体不明显，内质网稀少。细胞及细胞核直径分别为 $12\mu m$ 和 $8\mu m$。

（2）B 型精原细胞　细胞呈圆形，与基膜的接触面积通常小于 A 型精原细胞的接触面积。细胞核呈球形，外周异染色质较多。染色质不均匀，可观察到染色质较密集的区域，中间有浅色区域。有 1 个或 2 个核仁，与核膜相联系或游离于核质中。线粒体排列整齐，细胞质内可见大量游离核糖体和多核糖体。细胞核染色较深，细胞及细胞核直径分别为 $8\mu m$ 和 $5.5\mu m$。

（3）中间型精原细胞　其表现出不同大小和形状的细胞和细胞核以及不同外观的染色质图案。染色质包被的数量因细胞而异。中间型精原细胞的形态介于 A 型和 B 型精原细胞之间。

2. 初级精母细胞　精原细胞再经数次分裂会形成初级精母细胞（图 2-10），位于精原细胞内侧，排列成数层。早期初级精母细胞小，后期变大，直径为 $12\mu m$，细胞核呈圆形，直径均为 $7\mu m$。染色质分散于核内，变为染色质纤丝。

（1）细线期　此期及以后的细胞远离基膜，被支持细胞的细胞质突起完全包围。细胞和细胞核呈圆形，可见核仁。细胞质内有内质网，线粒体嵴尚未扩张。

（2）偶线期　细胞内含有较多的内质网池，并有少量核糖体附着。线粒体开始聚集在一起，被电子致密物质"黏合"，嵴开始扩张。在细胞核内，染色体对之间出现联会复合体，常见核仁分离。

（3）粗线期　此阶段持续时间比其他阶段要长，在生精上皮周期的大部分阶段都可以观察到。线粒体排列密集，嵴扩张。高尔基体发育良好，开始形成含颗粒的前顶体囊泡。内质网数量明显增多，多呈平行长池状。内质网分布于细胞质内，但向细胞的外围聚集。边缘异染色质明显，常见突触复合体。

（4）双线期　细胞大，高尔基体突出，含有带颗粒的前顶体囊泡。内质网长池突出。联会复合体不再可见。

（5）终变期　在形态上很难区分第一次和第二次减数分裂。线粒体没有分组，而是分布在整个细胞中。高电子密度物质存在于内质网池之间。染色质物质在细胞分裂不同阶段的典型排列中可观察到。

3. 次级精母细胞　初级精母细胞再经生殖细胞特有的减数分裂，变为单倍体的次级精母细胞，这些细胞在短时间完成第二次减数分裂形成精细胞。因此，在睾丸组织切片上很难发现次级精母细胞的存在。与初级精母细胞相比，次级精母细胞与其细胞核较小，细胞核较匀质，由于有大量的细胞质而轮廓明显，其直径为 $7\mu m$，细胞核染色深，直径为 $4\sim5\mu m$。在细胞质中发现游离的高电子致密物质，类似于线粒体间物质，内质网丰富。

4. 精细胞　精细胞经过变形过程形成精子，靠近管腔，排成数层，细胞呈圆形，体积较小，直径为 $6\mu m$，核直径为 $3.5\mu m$，伸长形细胞的位置不固定，但经常成群存在，在支持细胞的顶部变态形成精子（图 2-10 凹箭头）。

5. 精子　刚形成的精子头部常深入支持细胞的游离端，尾部朝向管腔，随着精子发育成熟，便脱离支持细胞，游离在管腔内。精子很少在管腔内单独存在，切片上很难测量精子不同部位的长度，但精子总长为 $46.5\mu m$。精细胞的变形过程可分为 7 个阶段：高尔基体期、帽状期、早顶体期、中顶体期、后顶体期、过渡期和成熟期，最终形成精子。

6. 支持细胞　曲细精管上皮的生精细胞在发育过程中与支持细胞保持紧密的联系，

支持细胞包围生精细胞（图 2-8）。支持细胞从基膜一直伸达曲细精管的管腔，高低不等，界限不清，细胞核较大而不规则，平行或垂直于基膜（图 2-10S），呈圆形、椭圆形、梨形等不同形状。尽管其核膜十分明显，但是核仁明显，着色浅，纤丝，染色质呈颗粒状。有些核仁沿纵轴有缺口。支持细胞核明显，巨大，核仁位于中央，大小为 $11\mu m$（长）$\times 5.8\mu m$（宽）。支持细胞的游离端常嵌含有许多精子，侧面嵌含各个发育阶段的生精细胞，其特殊结构对精子发生具有重要的生理作用，如对生精细胞提供营养和支持、内分泌、细胞通讯、吞噬作用及构成血-睾屏障等。

7. 间质细胞　间质细胞大量存于曲细精管外围（图 2-10 LC），很少单独存在。该细胞相当大，呈多边形或球形；核仁为圆形到椭圆形，呈泡状，有 1 个或 2 个突出的核仁。间质细胞直径约 $8\mu m$，核仁直径约 $4.7\mu m$。

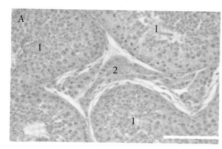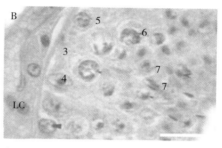

图 2-10　睾丸组织结构
A. 睾丸组织切片　B.1/4 曲细精管
1. 曲细精管　2. 间质细胞　3. 基膜　4. 支持细胞　5. 精原细胞　6. 初级精母细胞　7. 圆形和伸长精细胞
（资料来源：Abd-Elmaksoud，2008）

（二）曲细精管上皮周期的划分

精子发生过程中，在曲细精管任何一个断面上都存在不同类型的生精细胞，这些细胞群中的细胞类型呈周期性变化，通常把这些细胞群称为细胞组合。曲细精管某一部位的生精细胞组合，在精子发生过程中进行着连续而有规律的周期性变化。不同细胞组合的出现反映了精子发生的不同时期。采用 Ortavant（1959）的方法，将公驼曲细精管上皮周期划分为 8 个阶段，每个阶段都有其特有的细胞组合，且这些细胞组合的变化是周而复始的。在曲细精管同一部位两次相同细胞组合所经历的时间叫生精上皮周期。

1. Ⅰ阶段　此阶段的主要特征是精原细胞、早期和后期的初级精母细胞以及圆形精细胞的出现（图 2-11A）。

2. Ⅱ阶段　主要特征为精细胞开始拉伸，细胞核着色，其他细胞与阶段Ⅰ相同（图 2-11B）。

3. Ⅲ阶段　拉伸形精细胞一簇一簇地出现，并具有着色深的细胞核，圆形精细胞在此阶段几乎看不到（图 2-11C）。

4. Ⅳ阶段　此阶段主要是初级精母细胞完成最后阶段的减数分裂并形成次级精母细胞，出现早期精细胞和簇状后期拉伸形精细胞（图 2-11D，图 2-11E）。

5. Ⅴ阶段　此阶段主要是出现两种精细胞，即细胞核拉长的精细胞和圆形精细胞

（图 2-11F）。

  6. Ⅵ阶段 此阶段的细胞与Ⅴ阶段相似，圆形精细胞核变灰色，拉长的精细胞完成精子发生的最后阶段，并镶嵌在支持细胞的游离端（图 2-11G）。

  7. Ⅶ阶段 此阶段，一簇一簇的不同发育水平的精细胞向管腔方向迁移(图 2-11H)。

  8. Ⅷ阶段 此阶段，精子团出现在管腔内，但几乎看不到单独精子（图 2-11I）。

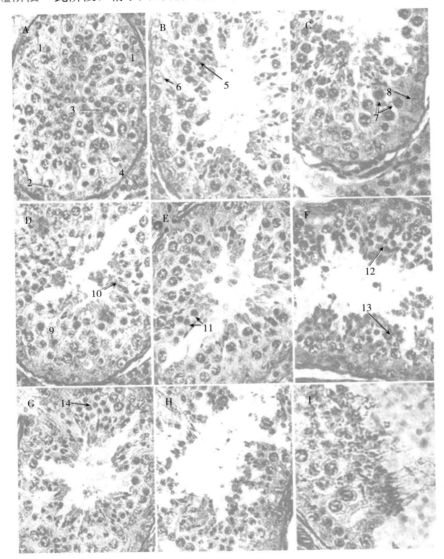

图 2-11 骆驼精子发生曲细精管上皮类型及周期划分（1 200×）

A. Ⅰ阶段 B. Ⅱ阶段 C. Ⅲ阶段 D. Ⅳ阶段 E. Ⅳ阶段 F. Ⅴ阶段 G. Ⅵ阶段

H. Ⅶ阶段及超管腔迁移的精细胞 I. Ⅷ阶段及管腔内的精子团

1. 精原细胞 2. 早期初级精母细胞 3. 圆形精细胞 4. 核呈泡状的间质细胞

5. 细胞核呈深色的精细胞 6. 核明显的支持细胞 7. 后期核深着色的初级精母细胞

8. 支持细胞 9. 正在分裂的初级精母细胞 10. 一簇拉伸形精细胞 11. 次级精母细胞

12. 圆形精细胞 13. 拉伸形精细胞 14. 圆形精细胞及附近的拉伸形精细胞

（资料来源：Osman，1979）

（三）精子发生的内分泌调控

发情期睾丸曲细精管直径（209～220μm）大于非发情期时的曲细精管直径（190～203μm）。精原细胞、精子细胞和精子数量变多。公驼每克睾丸组织产生的精子数由非发情期的 2.7×10^7～3.0×10^7 个到发情期的 3.6×10^7～4.7×10^7 个，但仅是牛精子数的 1/3。间质细胞的分泌活动在发情季节最活跃。非发情季节由于睾丸生产类固醇激素水平降低而间质细胞分泌活动变得不活跃。繁殖季节的公驼其血液中睾酮水平高，枕腺分泌物呈深棕色，有特殊气味，含有雄激素，能吸引母驼。枕腺解剖结构、组织结构及组织化学在繁殖季和非繁殖季均发生变化，组织学上似内分泌腺。每个副性腺的大小和分泌物也增加，且这种增加会影响公驼性行为和枕腺的分泌量。然而，枕腺仅见于公驼，母驼没有枕腺。公驼发情时，其血液成分会发生变化，血红蛋白数量显著减少（$P<0.01$），白细胞数量增加，红细胞数量减少，但不显著。甲状腺素 T4 和三碘甲状腺素 T3 的值在繁殖季节显著高于非繁殖季节，且前者是后者的 2 倍多。由于发情期间质组织发育，因此睾丸大小和重量显著增加。公驼睾丸浆膜比较厚，占睾丸重量的 17%～20.6%；曲细精管直径小，非发情期变得更窄。

（四）精子在附睾内的成熟与储存

附睾使睾丸精子（无运动受精能力）在功能和形态上成熟。附睾是一个动态的器官，可以贮存成熟的精子，直至射精，并可维持血-睾屏障。附睾管内的上皮细胞通过动态分泌和吸收小分子如糖和电解质形成附睾管液。这些功能主要由附睾分泌的某些蛋白质调节，如乳铁蛋白、前列腺素 D2 合酶、转铁蛋白、聚集蛋白、甘露糖苷酶和白蛋白。骆驼的附睾中有一种独特的结构，叫作上皮内腺。附睾上皮合成并分泌大量蛋白质和小分子物质，在精子从睾丸进入附睾的过程中，这些蛋白质和小分子物质与未成熟精子的质膜相互作用。上皮内腺在繁殖季节产生分泌物质，在精子贮存在附睾的过程中为精子提供营养。繁殖期上皮内腺腔内合成大量糖蛋白。研究表明，甘露糖型 N-聚糖是精子发生和调节支持细胞和生殖细胞之间的相互作用所必需的。此外，N-聚糖的缺乏影响未成熟生殖细胞从睾丸释放到附睾。在繁殖季节，骆驼附睾精子中发现了一种番茄凝集素阳性物质，同时有一个空的腺体。因此，上皮内腺体构成了精子营养的必要功能。研究报道显示，这些腺体的管腔表面对两种类型的蛋白质（S-100 和 ACE）具有强烈的免疫反应。这两种蛋白质调节管腔液体和电解质在上皮中的转运。上皮内腺体中的另一种蛋白质"GalTase"，它属于酶功能家族，可以合成糖蛋白的碳水化合物，这种蛋白质或糖蛋白为精子的生理成熟提供了必要的环境。另外，非繁殖季节骆驼附睾上皮内腺体会出现自噬现象。

骆驼是非典型的季节性繁殖动物，全年都有精子发生，与繁殖季节相比，非繁殖季节的精子发生减少。Abd-Elmaksoud（2010）报道，不同季节骆驼附睾的组织形态会发生一定变化，如附睾重量、附睾管直径、静纤毛长度、肌层厚度和上皮细胞高度。

骆驼的附睾有一个独特的结构，称为上皮内腺（图2-12和图2-13）。在非繁殖季节，附睾上皮内腺体会重复利用未使用的细胞器或蛋白质，以便在恶劣条件下再次利用或提供能量。附睾管固有层含有一层相互交织的弹性纤维，使附睾管富有弹性，有助于附睾管扩张。此外，它被许多层圆形且倾斜排列的平滑肌纤维所包围，这些纤维的厚度总是向末端增加。固有层周围有许多层环状和斜向排列的平滑肌纤维，且平滑肌纤维的厚度总是朝着末端增加（Abdel-Maksoud，2019）。附睾管管周平滑肌可能在精子向末段运动中起重要作用。附睾的头部和身体表现出自发的节律性收缩，用于沿附睾管输送精子；在附睾尾部区域这种收缩较少。附睾末端的厚肌纵向排列，可能有助于射精。

附睾功能受雄激素和雌激素的调节，而雄激素是维持公畜生殖功能的主要类固醇激素。雄激素通过雄激素受体（AR）在附睾中发挥作用，腺体上皮对AR呈阳性免疫反应，表明上皮内腺体是雄激素控制附睾功能的靶点。AR以细胞特异性在附睾上皮主细胞中表达，在附睾头和附睾体中表达明显。

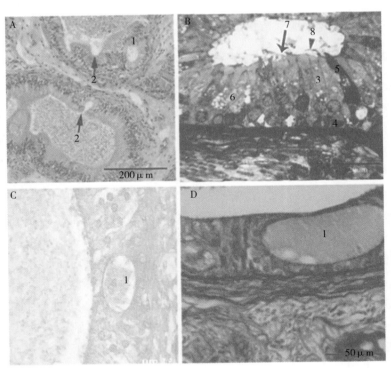

图2-12　骆驼附睾上皮内腺体的组织学特征
A. 上皮内腺（HE染色）　B. 上皮细胞（甲苯胺蓝染色）
C、D. 阿尔辛蓝和溴酚蓝染色对腺体表现出很强的亲和力
1. 腺体　2. 内陷（箭头所示）　3. 主细胞　4. 基底细胞　5. 暗细胞
6. 液泡　7. 纤毛（箭头所示）　8. 细胞质的分离部分（箭头所示）
（资料来源：Abdel-Maksoud，2019）

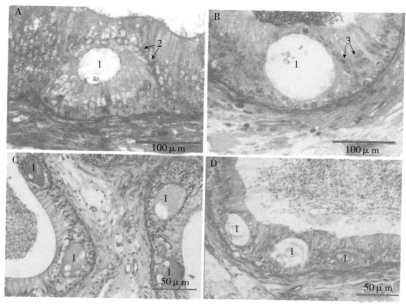

图 2-13 骆驼附睾体部远端上皮内腺体的季节性变化

A、B. 不同季节的腺体上皮细胞（甲苯胺蓝染色） C. 腺体在繁殖季节与 PAS 染色表现出强亲和力

D. 腺体在非繁殖季节与 PAS 染色表现出弱亲和力

1. 腺体 2. 高柱状腺体上皮细胞（繁殖季节） 3. 低立方状腺体上皮细胞（非繁殖季节）

（资料来源：Abdel-Maksoud，2019）

二、精子形态结构与活力

精子是一种高度分化的单倍体雄性生殖细胞，具有独特的形态结构和代谢过程，以及运动能力，表面覆盖一层脂蛋白膜，可以利用精液中的代谢基质进行复杂的代谢活动。

（一）正常精子形态和结构

各种动物精子的形状、大小及内部结构有所不同，但大体上相似，主要由头、颈和尾部组成（图 2-14）。精子长度与动物种类有关，与动物个体大小无关，骆驼精子总长度为 $42.9 \sim 51.1 \mu m$，头部长度为

图 2-14 精子的形态结构

（资料来源：Hafes，1978）

$6.0 \sim 6.6 \mu m$，中段长度为 $6.2 \sim 6.8 \mu m$，主段＋末端长度为 $30.8 \sim 37.6 \mu m$（表 2-2）。

表 2-2 驼科动物精子大小（μm）

项目	双峰驼	单峰驼	美洲驼
精子总长度	42.96 ± 1.90	51.07 ± 0.98	49.47 ± 2.18
精子头部长	6.00 ± 0.60	6.63 ± 0.50	5.33 ± 0.52

项目	双峰驼	单峰驼	美洲驼
宽	3.80±0.06	3.91±0.12	3.81±0.08
长：宽	1：0.63	1：0.59	1：0.71
精子中段长	6.16±0.66	6.83±0.50	5.33±1.60
精子尾部长度	30.80±1.95	37.57±0.99	36.64±1.80

资料来源：Merlian，1979。

1. 头部 骆驼精子头部为扁卵圆形（图 2-15A，B），主要由细胞核、顶体和顶体后区等组成。细胞核为精子头部的主要部分，由 DNA 和核蛋白质等组成，具有双层核膜。顶体是膜的囊状结构，呈帽状覆盖在核的前段部分。顶体可分为顶节、主节和赤

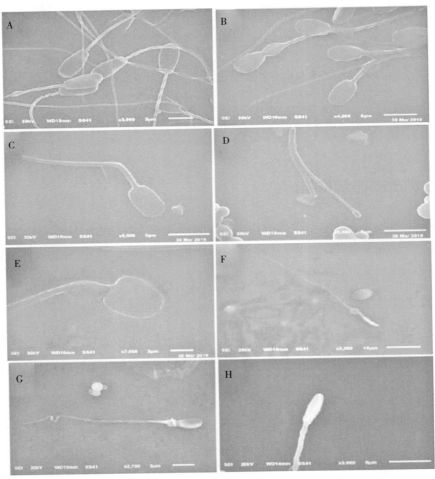

图 2-15 骆驼附睾精子形态扫描电镜图
A、B. 正常精子 C. 头部、中段畸形精子 D. 头部脱落精子
E. 膜受损且头部膨大精子 F. 中段薄、笔头精子 G. 小头精子 H. 头部和中段畸形精子
（资料来源：Shahin，2020）

道节三部分（图 2-16）。顶体外膜靠近精子质膜，内膜与核膜贴近。顶体内含有多种与受精过程有关的水解酶，在精子发生顶体反应时，因顶体外膜与精子质膜融合而释出（图 2-17）。赤道节是精子首先与卵子发生融合的部位。

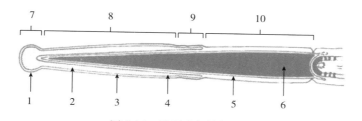

图 2-16　精子头部结构示意
1. 精子质膜　2. 顶体　3. 顶体外膜　4. 顶体内膜　5. 核膜
6. 核　7. 顶节　8. 主节　9. 赤道节　10. 顶体后区
（资料来源：Hafes，1978）

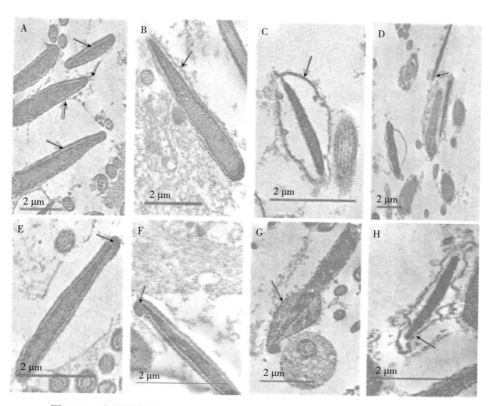

图 2-17　骆驼附睾精子解冻后头部形态（箭头所示）透射电镜图（80 kV）
A. 质膜完整　B. 质膜略显膨胀　C. 质膜膨胀　D. 质膜脱落
E. 顶体膜完整　F. 典型顶体反应　G. 非典型顶体反应　H. 顶体脱落
（资料来源：Shahin，2020）

2. 颈部　精子颈部连接精子头部和尾部，呈短圆柱状。颈部前端有一凸起的基板与核后端的植入窝相嵌合。基板以后是由中心小体发生而来的近端中心粒，为短圆筒形，与精子尾部长轴呈微斜或垂直排列。远端中心粒变为基体，由它发出精子尾部的轴丝。基板向后延伸，在外周形成 9 条纵行粗纤维，构成尾部轴丝外面的纤维带。精子颈部长约 0.5μm，脆弱易断。

3. 尾部 精子尾部是精子的运动和代谢器官，是精子最长的部分，为 37.0～44.4μm，分为中段、主段及末段三部分。中段位于颈部与终环之间，长 6.2～6.8μm，主要由轴丝、致密纤维和线粒体鞘组成。轴丝由 2 条中心单微管及周围的 9 条二联微管组成。轴丝外周有 9 条粗纤维组成的纤维带，前端粗，向后渐细，呈圆锥形。粗纤维的外周有螺旋状的线粒体鞘环绕。线粒体鞘内含有与精子代谢有关的酶和能源，是精子能量代谢的中心。线粒体鞘最后一圈处的质膜内褶形成致密环形板状结构的终环，防止精子运动时线粒体鞘向尾部移位。主段位于终环与末段之间，是精子尾部最长的部分。主段的主要结构为轴丝，轴丝外周由 9 条粗纤维包绕，并由纤维鞘包裹，最外层为质膜。9 条粗纤维在离终环不远处减为 7 条，组成纤维鞘的 2 条纵行纤维柱和一系列半圆形的肋柱也随着向后端的延伸而变得纤细，最终消失在主段的末端。末段很短，仅由中央"9＋2"结构的轴丝和外周的质膜构成。

（二）精子畸形

根据精子出现畸形的部位，可把精子分为头部、中段和尾部三类畸形（图 2-13 C～H）。

1. 头部畸形 常见的有窄头、梨形头、圆头、巨头、小头、头基部过宽和发育不全等。头部畸形的精子多数是在睾丸内精子发生的过程中，细胞分裂和精子细胞变形受到不良影响引起的。头部畸形对精子的受精能力和运动方式都有明显的影响。

2. 中段畸形 包括中段肿胀、纤丝裸露和中段呈螺旋状扭曲等。中段畸形多数在睾丸和附睾内发生。中段畸形的直接影响是精子运动方式的改变和运动能力的丧失。

3. 尾部畸形 包括尾部各种形式的卷曲、头尾分离、带有近端和远端原生质滴的不成熟精子。大部分尾部畸形的精子是精子通过附睾、尿生殖道和体外处理过程中出现的。尾部畸形会对精子的运动能力和运动方式造成影响。

睾丸和附睾的机能障碍，无论是暂时的还是永久的，都可在精子形态方面得到反映。因此，利用精子形态的分析结果，不但可以评价精液品质，也可以判断睾丸、附睾及尿生殖道的机能状态。

（三）精子活力

精子活力涉及精子生存、运动和代谢的能力，其易受多种内源和外源因素的影响而发生改变。

1. 精子运动 精子从曲细精管排出时，不具备运动能力，而是在附睾管中逐渐获得运动能力，但仍保持静止状态。在射精过程中，精子与副性腺分泌物混合后则具有运动能力。精子的运动能力与机体代谢能力有关，并受温度的影响。运动能力越强，精子消耗能量越多，存活的时间就越短。

（1）精子运动的形式 精子的运动依赖于尾部的摆动。精子向前运动时，由尾部弯曲摆动产生有节律的横波，自尾的中段向后传至尾端。横波对精子周围的液体产生压力，使精子在液体的反作用力下向前运动。精子尾部各段的摆动程度不相等，越靠近尾端，弯曲度越大。每个弯曲波传出时，精子头部向侧方移位。显微镜下可以见到的精子运动类型有三种，即直线前进运动、转圈运动和原地摆动。直线前进运动是精子正常的运动形式，转圈运动及原地摆动的运动形式都表明精子正在丧失运动能力。

（2）精子运动的机制 精子的运动是精子尾部轴丝滑动和弯曲的结果，与肌纤维收缩时肌丝间相互滑动的原理相似。静止精子被激活时，胞内 pH 和 Ca^{2+} 浓度升高；Ca^{2+} 刺激 cAMP 酶引起 cAMP 增加，进而激活 cAMP-蛋白激酶级联反应，导致轴丝蛋白磷酸化，使精子在 Mg^{2+} 存在和 pH 升高的情况下，轴丝动力蛋白能够利用 ATP 将化学能转化为机械能，引起并维持轴丝滑动和弯曲。线粒体利用果糖等单糖产生精子运动所需的 ATP。

（3）精子运动的特性 精子在液体状态或雌性生殖道内运动时表现出逆流性、趋物性和趋化性的特点。逆流性表现为精子在流动的液体中向逆流方向流动，能在雌性生殖道内沿管壁逆流而行。趋物性是指精子对精液或稀释液中异物（如上皮细胞、空气泡、卵黄球等）做趋向性运动的特性，精子头部钉住异物做摆动运动。趋化性表现为精子具有趋向某些化学物质运动的特性。在雌性生殖道内卵细胞可能分泌某些化学物质，吸引精子向卵子运动。

（4）精子运动的速率 温度对精子运动的速率有明显影响。在正常体温条件下，精子运动的速率快，但随温度的降低，运动速率减慢，体温低于10℃时精子运动基本停止。精液的黏稠度、精子密度和液体的流动状态等亦会影响精子的运动速率。在流动液体中，精子沿逆流方向游动，运动速度加快。在37℃静止液体中，骆驼精子运动速度为 $30\mu m/s$，马为 $85\mu m/s$，牛为 $97\sim118\mu m/s$，绵羊为 $200\sim250\mu m/s$。

2. 精子存活时间 精子的存活时间与其自身的代谢特点和所处环境及保存方法等因素有关。

（1）精子在雄性生殖器官内的存活时间 附睾的环境条件有利于精子长时间存活。在附睾的弱酸性、高渗透压和温度偏低的环境中，精子的运动和代谢受到抑制，能量消耗减少，因此能够存活较长时间。但是，精子在附睾中贮存过久则会降低活力，使畸形和死亡精子增加。长期不配种的公畜，在第一次采得的精液中有较多衰弱和畸形的精子。

（2）精子在雌性生殖道内的存活时间 精子存活时间因其所处的雌性生殖道部位不同而有较大差异。精子在阴道中只能存活较短时间；在子宫颈可存活较长时间，约30h；在子宫液中可存活约 7h；在子宫内存活时间较长。精子在雌性生殖道的存活时间一般长于其保持受精能力的时间。

（3）精子在体外的存活时间 精子在体外的存活时间因动物品种、精液保存方法及温度、酸碱度和稀释液的种类等不同而有很大差异。新鲜的骆驼精液黏稠度大，需要液化 $30\sim60min$，精子才能具有活力。研究表明，用乳糖酶-蛋黄柠檬酸盐（LYC）、蔗糖-蛋黄柠檬酸盐（SYC）、三蛋黄果糖（TYF）、脱脂牛奶（SCM）和脱脂骆驼奶

（SLM）稀释液稀释后，在 37℃培养 12h 时，精子活率显著提高（$P < 0.05$），精子死亡率、畸形率、顶体损伤率显著降低（$P < 0.05$）。在降低保存温度和弱酸性环境条件下，精子的活动与代谢受到抑制，能量消耗减少，因此精子的存活时间可相对延长。精液冷冻技术的应用可以使精子长时间保存。

3. 精子代谢　精子的代谢活动是精子维持其生命和运动的基础。精子由于缺乏许多胞质成分，只能利用精清的代谢基质和自身的某些物质进行分解代谢，从中获得能量以满足精子生理活动的需要。精子的分解代谢主要是通过糖酵解和精子呼吸的方式（图 2-18），也可以分解脂质及蛋白质。

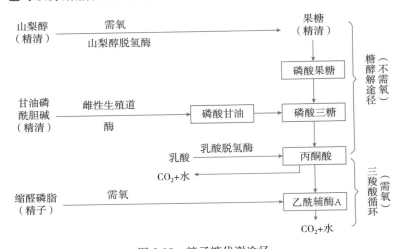

图 2-18　精子糖代谢途径

注：基质的来源以括号表示；终末产物为乳酸、CO_2 和水；不累计的中间产物用方框表示

（资料来源：Hafes，1978）

（1）糖酵解　是一个无氧分解的糖代谢过程。精子无论在有氧还是无氧条件下，都能通过糖酵解过程将葡萄糖、果糖及甘露糖等分解为乳酸而获得能量。精子自身缺乏糖类物质，主要利用精清中的果糖进行糖酵解。1mol 果糖经酵解能产生 150.7kJ 能量。精清中某些物质可能进入糖酵解途径，如山梨醇在酶的作用下可转化为果糖而进入糖酵解过程；甘油磷酰胆碱可在雌性生殖道中经酶的作用分解为磷酸甘油，然后再进入糖酵解过程。

精液的果糖酵解能力与精子密度及活力有关。在无氧条件下，精液在 1h 内分解果糖的毫克数称为果糖酵解指数。该指数可用于测定和分析不同精液的果糖酵解能力，对精液的质量进行评价。牛和绵羊精液的果糖酵解指数一般为 1.4～2mg（平均 1.74mg）；猪和马的精液因精子密度远低于牛和羊，所以果糖酵解指数只有 0.2～1mg；骆驼的精液跟马的精液密度相近，其果糖酵解指数为 0.2～1mg。

（2）精子呼吸　为需氧分解代谢过程，与糖酵解进程密切相关。在有氧条件下，精子可将糖酵解过程生成的乳酸及丙酮酸等有机酸，通过三羧酸循环彻底分解为二氧化碳和水，产生更多能量。1mol 果糖在有氧条件下最终可分解产生 2 872.1kJ 的能量，是无氧糖酵解的 19 倍。精子呼吸时的耗氧率通常按 1h 内 10^8 个精子在 37℃条件下的耗氧量计算，家畜一般为 5～22μL。精子的耗氧率可以代表精子的呼吸程度。当精子大量消耗氧和代谢基质而得不到补充时，将会因能量的耗竭而丧失生存力。因此，隔绝空气或充入二氧化碳、降低温度及 pH 均可延长精子的存活时间，成为保存精液的重要方法。

精子的呼吸主要在尾部线粒体内进行，分解代谢产生的能量转化为 ATP，大部分用于满足精子活动的能量需要，其他部分用于维持精子膜完整的主动运输功能，以防止重要的离子成分从细胞内流失。

（3）脂类代谢　精子在维持其生命活动中，除对糖的利用外也能分解脂质而获得所需能量。精子在附睾内处于无氧和缺乏外部能源物质的环境中，主要利用自身的磷脂作为代谢基质。

在有氧代谢过程中，精子也能缓慢消耗脂类，使精液中的磷脂氧化成为卵磷脂。由于糖的分解进行得很快，脂类的代谢就显得很重要。在有果糖存在时，精液中的缩醛酯不被分解。

由脂类分解产生的甘油能促进精子的耗氧和乳酸的累积，这可能是甘油通过磷酸三糖阶段进入糖酵解过程的结果。但是，当精液中有果糖存在时，甘油的这一代谢作用可能受到抑制。因此，甘油在用于精液的低温或冷冻保存中，不仅是一种防冻剂，而且是一种补充能源。

（4）蛋白质和氨基酸代谢　精子在正常情况下无须利用蛋白质的分解来获得能量。精子虽然在有氧时能使某些氨基酸脱去氨基，形成氨和过氧化氢，但这些分解物会对精子产生毒性，降低精子耗氧率。因此，精子对蛋白质的分解往往表示精液已开始变性，是精液腐败的现象。

三、环境因素对精子的影响

影响精子的环境因素有很多，如温度、光照和辐射、pH、渗透压等。它们作用于精子，影响精子的存活、运动和代谢等。在人工授精中，应注意防止有害因素的作用，利用有利因素，不断改进人工授精技术的应用效果。

（一）温度

动物体温是精子进行正常代谢和运动的最适温度，如哺乳动物为 37～38℃，鸟类为 40℃，但该温度不利于精子长时间保存，甚至影响哺乳动物精子的正常发生（如隐睾）。温度的变化可以改变精子的代谢和运动能力，影响精子寿命。

精子对高温的耐受性差，一般不超过 45℃。当温度超过这一限度时，精子经过短促的热僵直后立即死亡。在 40～44℃ 高温环境中，精子的代谢和运动异常增强，能量物质在短时间内迅速耗竭，精子可能很快失去生存力。

在低温环境中，精子也易受到伤害。当新鲜精液由体温快速降至 10℃ 以下时，精子受到冷打击，不可逆地失去活力而很快死亡。这种现象称为精子冷休克，可能是因精子细胞膜在冷打击中受到破坏，使细胞内三磷酸腺苷、部分蛋白质（细胞色素等）

和钾等成分漏出，渗透压升高，精子糖酵解和呼吸过程受阻，最终造成精子结构和活力发生不可逆的变化。但是，在含有卵黄或奶类、甘油等的稀释液中，精子可以免受冷休克的伤害，在低温（0～5℃）或超低温（－196℃）环境中可有效保存。因此，在0～5℃时，精子的代谢活动和运动受到抑制，能量消耗减少，存活时间则相应延长；在超低温冷冻环境中，精子的代谢和运动基本停止，处于"休眠"状态，可以长期保存。

（二）光照和辐射

可见光和紫外光及各种放射性射线均对精子的活动力产生影响。日光直射可以刺激精子的摄氧能力，加速精子的呼吸和运动，以致代谢物积累过多，从而对精子产生毒害作用。紫外线照射对精子代谢和活力有抑制作用，其中波长 240nm 的紫外光产生的不良影响最大，可造成更多精子的死亡。射线的辐射对精子的代谢、活动力、受精能力等可产生损害作用。射线剂量在 32 000 R/h 以上时，辐射影响精子的代谢和活动力；低剂量的辐射（200～800 R/h）可引起精子发生遗传学损伤，或者使精子丧失受精能力。

（三）pH

精液 pH 的变化可以明显地影响精子的代谢和活动力。在 pH 降低的偏酸性环境中，精子的代谢和活动力受到抑制；反之，精液 pH 升高时，精子代谢和呼吸增强，运动和能量消耗加剧，精子寿命相对缩短。因此，pH 偏低更有利于保存精液，可采用的精液中充入饱和二氧化碳气体或使用碳酸盐等方法降低 pH。精子适宜的 pH 范围因动物种类不同而有差异，一般骆驼为 pH 7.0～8.0。

（四）渗透压

精子与精液在正常情况下基本保持等渗状态。精液或精液稀释液的渗透压高时，精子内的水分将向外渗出，造成水分的脱出和精子皱缩；精液或稀释液的渗透压低时，水分将向精子内渗透，引起精子膨胀变形。渗透压引起的上述两种变化都可能严重引起精子死亡。但是，精子对渗透压的变化有一定的适应能力。这是通过细胞膜使精子内外渗透压缓慢趋于平衡的结果。不同物质的渗透性和精子膜的完整性也会对精子内外渗透压的平衡产生影响。低分子质量及非离子物质穿透精子膜的速度较高分子质量及有负电荷的物质更快，因此精子内外渗透压的平衡也快。

精子最适宜的渗透压与精清的渗透压相同。精液渗透压可用冰点下降度（△）来表示。骆驼的冰点下降度约为－0.681℃，相当于 367mOsm/L。精子对渗透压的耐受范围为等渗液的 50%～150%。但在精液冷冻保存中，精液稀释液的渗透压因工艺的特殊要求而超出正常的范围。

（五）电解质

精子的代谢和活动力亦受环境中的离子类型和浓度的影响。电解质对精子膜的通透性比非电解质（如糖类）弱，因此，高浓度的电解质易破坏精子与精清的等渗性，造成对精子的损害。一定量的电解质对精子的正常刺激和代谢是必要的，因为它能在精液中起缓冲作用，特别是一些弱碱性盐类如柠檬酸盐、磷酸盐等水溶液，具有良好的缓冲性能，对维持精液 pH 的相对稳定具有重要作用。

由于阴离子能除去精子表面的脂类，易使精子凝集，所以对精子的损害一般要大于阳离子。K^+、Na^+、Ca^{2+} 和 Mg^{2+} 可能主要通过对精子代谢和活动力所起的刺激或抑制作用而产生影响。例如，在哺乳动物中，精清中少量 K^+ 能促进精子呼吸、糖酵解和运动；但高浓度 K^+ 对精子的代谢和运动有抑制作用。某些重金属离子如 Fe^{2+}、Cu^{2+} 和 Zn^{2+} 等，对维持精子的代谢和活动力具有重要作用，但很容易因过量而引起精子死亡。

（六）精液稀释

原精液经过稀释后不仅发生容量扩大的变化，而且还可能引起精子代谢和活动力的变化。在哺乳动物中，精液经过适当稀释处理后，精子的代谢和运动加强，耗氧量增加，这可能与精液中某些抑制代谢的物质被稀释有关。但是，对精液进行过度高倍稀释时，精子的活率和受精能力都可能因稀释而明显下降，特别是仅含有单纯或多种电解质的稀释液，其不良影响更为明显。精液稀释倍数过高，可使精子内的 K^+、Mg^{2+}、Ca^{2+} 离子渗出，而 Na^+ 向精子内移入，使精子表面的膜发生变化，通透性增大，造成细胞内各种成分向外渗出，而外部的离子向内渗入，影响精子的代谢和生存。在稀释液中加入卵黄成分并做分步稀释，可以减少高倍稀释对精子的有害影响。

（七）药品

一些药品对精液的保存具有保护作用，可以免除对精子的某些伤害。例如，在精液或稀释液中加入适量抗生素，能抑制病原微生物繁殖，有利于精子的保存；在稀释液中加入适量甘油等可对精子产生防冷冻保护作用，避免冷冻过程对精子的伤害。激素亦可影响精子的代谢，如胰岛素能促进糖酵解，甲状腺素能促进精子的呼吸和果糖及葡萄糖的分解，睾酮和孕酮等则能抑制精子的呼吸而加强糖的酵解过程。

防腐消毒药品如酒精和煤皂酚等，对精子有很强的毒害作用。在精液处理中，应注意避免精液与消毒药品的接触。

第四节　公驼精液组成与理化特性

一、公驼精液组成

精液是由精子和精清组成的细胞悬液。精子的主要化学成分为核酸、蛋白质和脂类。单个精子的核约占其干重的 1/3，组成核染色质的 DNA 和蛋白质约各占一半。顶体冒含有多种酶（如透明质酸酶、顶体素等）。在尾部有多种结构蛋白、酶和脂类。在家畜，X-精子DNA含量比Y-精子多3%～4%，可据此用流式细胞仪对精子进行分类，获得较纯的X-精子和Y-精子，然后用于人工授精或IVF，从而实现性别控制。精清的组成取决于公畜生殖道不同器官的大小、储存能力和分泌量（图2-19）。精清构成精液的液体部分，主要是来自副性腺的分泌物，此外还有少量的睾丸液和附睾液，是在射精时形成的。精清不仅是精子进入母畜生殖道内运行的载体，在精子功能、完整性和受精能力方面也有重要作用，促进了辅助生殖技术的发展，如精子冷冻保存和包括绵羊、山羊和牛在内的许多物种的人工授精。但关于骆驼精清的成分和作用及其对精子的功能和完整性的影响所知甚少。几种动物精液的特性和化学组成列于表2-3。

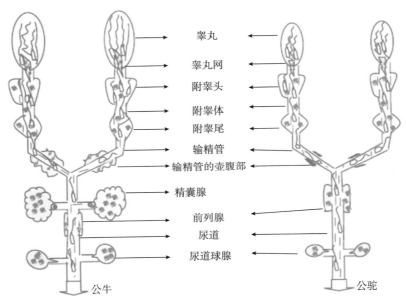

图 2-19　公牛和公驼生殖系统中精清的来源和流向

（资料来源：Juyena，2013）

表 2-3　几种动物精液的特性和化学组成（平均值±SEM）

项目	骆驼	牛	绵羊	猪	马
射精量(mL)	5～20	5～8	0.8～1.2	150～200	60～100
精子密度($\times 10^6$个/mL)	100～350	800～2 000	2 000～3 000	200～300	150～300
精子活率(%)	40～60	40～75	60～80	50～80	40～75
正常精子百分率(%)	80～95	65～95	80～95	70～90	60～90
pH	7.0～8.0	6.4～7.8	5.9～7.3	7.3～7.8	7.2～7.8
果糖(mg/dL)	23.5	460～600	250	9	2
葡萄糖(mg/dL)	29～42	300	0.9～1.6	—	—
柠檬酸(mg/dL)	9.8	340～1 150	110～260	173	853

项目	骆驼	牛	绵羊	猪	马
蛋白质(g,以100mL精液计)	1.6~2.6	6.8	5.0	3.7	1.0
干物质(g/dL)	3.34±1.05	—	—	—	—
总氮(g/dL)	2.66±0.04	—	—	—	—
非蛋白氮(mg/dL)	32.5±2.5	—	—	—	—
总脂肪(mg/dL)	87	29	254~396		
磷脂质(mg/dL)	26~48	149.1			
甘油三酯(mg/dL)	101.6±5.5				
胆固醇(mg/dL)	15.3~25.9	312.16			
谷氨基酸(mg/dL)	—	1.0~8.0	4.5~5.2		
山梨醇(mg/dL)	—	10~140	26~170	6~8	20~60
肌醇(mg/dL)	—	25~46	7~14	380~630	20~47
甘油磷酰胆碱(mg/dL)	—	100~500	1 100~2 100	110~240	40~100
麦硫因(mg/dL)		0	0	17	40~110
乳酸(mg/dL)	11.0±3.0	—	—		
钠(mEq/L)	163.8±13.2	109	103	587	257
钾(mEq/L)	9.0±8.4	155±6	89±4	197	103
钙(mg/dL)	8.2±0.1	40±2	6±2	6	26
磷(mg/dL)	20.0~1.6	9	4.8~12.0	—	—
氯(mg/dL)	84~120	110~290	86		
镁(mg/dL)	0.05±0.05	8±0.3	6±0.8	5~14	9
锌(mg/dL)	0.83±0.53	2.6~3.7	56~179		
铁(mg/dL)	2.80±0.82	—	—		
铜(mg/dL)	0.31±0.06	—	—		
硒(mg/dL)	0.12±0.07	—	—		
氟(mg/dL)	1.42±0.08	—	—		
硫(mg/dL)	8.0±5.8	—	—		
氯化物(mg/dL)	0.84~1.20	1.74~3.20	0.86	2.60~4.30	4.48
无机磷酸盐(mg/dL)	12.61±1.2	—	—	—	—
磷酸盐(u/dL)	25.1±11.1	—	—	—	—
睾酮(ng/mL)	5.47	0.20~1.3	0.03~0.4		
雌激素(pg/mL)	—	20~166			
前列腺素(ng/mL)	—	5~10	500~20 000		
ALP	—	246BU/bL	—	—	—
AST	44.05IU/L	345~623SFU/mL	190~256mU/mL	—	—

项目	骆驼	牛	绵羊	猪	马
ALT	47.3IU/L	15~18.3SFU/mL	39~148mU/mL	—	—
LDH	8.1±1.6U/dL	1 909U/mL	968~1 697mU/mL	—	—

资料来源：Juyena，2012；El-Bahrawy，2006；El-Manna，1986。

注：ALP，碱性磷酸酶；AST，天冬氨酸氨基转移酶；ATL，丙氨酸转氨酶；LDH，乳酸脱氢酶。

精清蛋白的组成成分在物种之间存在很大的差异。这可能在某种程度上与睾丸和副性腺有关。在公牛中，超过50％的精液来自精囊腺，尿道球腺和前列腺的分泌物有限，而且这些腺体的体积相对较小。公羊的副性腺在解剖学上与公牛相似，有大的精囊腺和小的或扩散的前列腺和尿道球腺。由于腺体较小，分泌物少，公牛和公羊的射精量相对较低，精子浓度较高（表2-3）。相反，在公猪中，尿道球腺、前列腺和精囊腺很大，因此射精量可达300mL。公猪的尿道球腺和精囊腺分泌可形成精液中的凝胶物质。在骆驼中，精囊腺缺失，精清来自相对较小的尿道球腺和前列腺。因此，骆驼的射精量少（表2-3）。与公羊和公牛不同，骆驼精液中15％是精子，85％是精清。骆驼的睾丸相当于体重的0.016％~0.02％，而公牛和公羊的睾丸分别占体重的0.18％和1.4％。所以，骆驼每天产生的精子数量比公羊和公牛的都少。

二、公驼精液的理化特性

（一）物理性质

精液的外观、气味、射精量、精子密度、pH、渗透压、黏度等为精液的一般理化特性，通过对这些理化特性的研究，可为精液的品质鉴定、体外处理及保存提供理论依据。

1. 外观　一般骆驼精液呈乳白色或灰白色，但是单峰公驼的精液颜色随精子浓度、精液黏稠度以及年龄和季节而变化。在2.5~5岁、5~10岁和10~20岁时，单峰公驼精液颜色分别为淡黄白色、奶油白色或乳白色；一年中，精液在冬、春季呈淡黄白色，在夏、秋季呈灰白色。然而，Rai等（1997）报道，在繁殖季节和非繁殖季节，单峰公驼精液是乳白色。

2. 气味　骆驼精液一般无味或略带腥味，若有其他异味或臭味，说明精液已经变质或混入其他物质。

3. 射精量　繁殖期骆驼射精量范围为1~10mL，平均为8.43mL。

4. 精子密度　Knobil和Neill（1998）报道，骆驼精子密度范围为100×10^6~700×10^6个/mL，而Mosaferi等（2005）报道，双峰驼精子平均密度为$(414.8 \pm 25.04) \times 10^6$个/mL，Al-Qarawi等（2004）报道，单峰驼精子平均密度为$(12 \pm 1.3) \times 10^6$个/mL。不同研究之间的差异可归因于骆驼栖息地的变化以及饲料的可获得性和质量。

5. pH　骆驼精液平均pH为8.72，范围为8.3~9.37。骆驼精液呈碱性的原因可能是由于精囊腺的缺乏和前列腺分泌物导致。在繁殖期和非繁殖期骆驼精液的 pH 分别为 8.2 和 7.7。

6. 渗透压 骆驼精液渗透压为 0.367，范围为 0.334～0.48；平均冰点降低度（FPD）为 $-0.681℃$，范围为 $-0.901～-0.527℃$。在稀释精液时，稀释液配制应该考虑渗透压的要求。

7. 黏度 骆驼精液最显著的特点为黏稠度高。黏度可通过拉线试验进行评估，即将精液用移液管移到载玻片上，移液管垂直提起，并测量拉成线的长度。最新的研究结果表明，拉线的形成与结构黏度无关，但与稠度系数和高剪切速率相关。因此，拉线实验可以用来测量精清的流变性，但不能用拉线实验检测时，黏度完全降低。而在公猪和人类中，精囊腺参与凝胶物的形成，但骆驼没有精囊腺，表明存在另一种形成精清黏度的机制。这种黏度的原因和来源尚未查询到相关报道。

（二）精清的化学组成

精清来自睾丸、附睾和副性腺，不同动物由于副性腺的数量、大小和结构的差异而使精清的化学组成也有明显差异；即使是同种动物或同一个体，因采精方法、时间和频率等不同，精清成分也有一定的变化。

1. 糖类 大多数哺乳动物精清中都含有糖类物质，主要有果糖、山梨醇和肌醇等。其中果糖主要来源于精囊腺，壶腹部也有少量分泌，而骆驼没有精囊腺。对骆驼副性腺的分析表明，果糖是由壶腹部、尿道球腺和前列腺共同产生的，而柠檬酸主要来自前列腺体和尿道球腺，且在壶腹部和前列腺扩散部的分泌量较小。由于前列腺的体积相对较大，因此它似乎是果糖和柠檬酸的主要来源。果糖是精清中精子的营养物质，它的形成受睾丸激素的调节。虽然不同动物及不同个体间精清中糖含量差别较大，但果糖含量相对稳定，一般为 100～500mg（以 100mL 精液计）。双峰驼精清中的果糖平均值为（37.9±0.9）mg/dL，其值偏低，这可能是由于采精时间及采精后分离精子的时间过长，精子消耗果糖过多所致。

2. 蛋白质和氨基酸 精清干物质中有 80％为非蛋白氮，而蛋白质含量占非蛋白氮的 50％。骆驼全精液中干物质和总蛋白质含量分别为 4.295g（以 100mL 精液计）和 2.238g（以 100mL 精液计），蛋白质含量占干物质总量的 52％，其值较高，这是因为全精液中包括精子，而精子主要由蛋白质组成。骆驼精清中除了非蛋白氮和脂类以外，还含有相当数量的未知物质，约占干物质重的 20％，因此，精清组成还需要进一步研究。精清中的蛋白质含量很低，一般为 3％～7％，其中有免疫球蛋白 A（IgA）类。凯氏半微量定氮法测得双峰驼混合精清中的总氮量为（2.662 1±0.039 5）g（以 100mL 精液计），双缩脲法测得精清总蛋白质的含量平均值为（1.31±0.598）g（以 100mL 精液计），精清中干物质含量为（3.342±1.053）g（以 100mL 精液计）。

骆驼精液黏稠是精液冷冻和其他技术发展的主要障碍。骆驼精清中富含糖胺聚糖（GAG），其被认为是使精清变黏稠的原因。然而，GAG 酶不能降低黏度，而蛋白酶可降低黏度，这表明蛋白质才是造成骆驼精清黏稠的主要原因。研究表明，黏蛋白 5B 是决定羊驼精清黏度的主要蛋白质。研究发现，β-NGF 是骆驼精清中的促排卵因子蛋白，这可能为骆驼诱导排卵提供新的方法。羊驼精清中鉴定出的其他蛋白质与其他物种的相似，包括与精子功能、繁殖能力和卵母细胞结合有关的蛋白质。特别是精清蛋白，可以提高公羊和公牛精子在其解冻后的运动能力，因此，在骆驼上值得进一步研究。

应用薄层色谱法对骆驼精清中胱氨酸、胱硫氨酸、鸟氨酸、组氨酸、赖氨酸、精氨酸、天冬酰胺、丝氨酸、甘氨酸、谷氨酸、丙氨酸、苏氨酸、脯氨酸、酪氨酸、色氨酸、蛋氨酸、缬氨酸、苯丙氨酸、异亮氨酸和亮氨酸等氨基酸进行鉴定，发现组氨酸、精氨酸和赖氨酸的浓度相对较高。

3. 脂类 精清中的脂类物质主要是磷脂，如磷脂酸胆碱、乙胺醇等，主要来源于前列腺，其中卵磷脂对延长精子寿命和抗低温打击有一定作用。牛、猪、马和犬精清中的磷脂多以甘油磷酰胆碱（GPC）的形式存在。GPC 主要来自附睾的分泌物，不能被精子直接利用，在母畜生殖道内含有一种酶能将其分解为磷酸甘油，成为精子可利用的能源物质。采用香草醛比色法测定精清总脂平均值为（23.52±11.40）mg（以100mL 精液计），单峰驼为 87mg/dL。双峰驼精清中甘油三酯浓度为（101±5.5）mg/dL、磷脂质为（36.4±2.1）mg/dL。

4. 酶类 精清中含有多种酶类（King-Armstrong Unit，KAU），大部分来自副性腺，少量由精子渗出。精清中的酶类是精子蛋白质、脂类和糖类分解代谢的催化剂。精清中各种酶类与精子的运行、获能、受精等一系列过程有密切的关系。精清中酸性磷酸酶平均含量为 64.8 KAU，碱性磷酸酶平均含量为 313.6 KAU，说明骆驼精清中酸性磷酸酶含量较低，碱性磷酸酶含量较高。在埃及，骆驼精清中酸性酶和碱性酶的高活性在 2 月出现，而最低值出现在 3 月。骆驼附睾液中谷胱甘肽过氧化物酶（GPX）、肌酸激酶（CK）和乳酸脱氢酶（LDH）的含量见表 2-4 和表 2-5。

表 2-4　骆驼精清中谷胱甘肽过氧化物酶、肌酸激酶和乳酸脱氢酶的含量

种类	GPX（mU/mL）	CK（U/L）	LDH（U/L）
繁殖季节	141.54±4.16[a]	196.89±8.90[b]	296.41±15.06[b]
非繁殖季节	113.67±5.73[b]	238.38±15.86[a]	389.43±18.10[a]

资料来源：Ibrahim，2016。

注：同一列中肩标不同字母表示差异显著（$P < 0.05$），平均值（$n = 37$）±SEM。

表 2-5　骆驼附睾液中谷胱甘肽过氧化物酶、肌酸激酶和乳酸脱氢酶的含量

种类	GPX（mU/mL）	CK（U/L）	LDH（U/L）
繁殖季节	102.3±1.5[a]	645.04±33.8[b]	1148.37±34.9[b]
非繁殖季节	84.32±2.2[b]	891.24±52.2[a]	1813.62±65.9[a]

资料来源：Ibrahim，2016。

注：同一列中肩标不同字母表示差异显著（$P < 0.05$），平均值（$n = 37$）±SEM。

5. 有机酸 哺乳动物精清中含有多种有机酸，主要有柠檬酸、抗坏血酸、乳酸、前列腺素等，对维持精液的正常 pH 和刺激雌性生殖道平滑肌收缩具有重要作用（表 2-3）。

6. 维生素 精清中维生素种类和含量与动物本身的营养和饲料有关。常见的有核黄素（维生素 B_2）、维生素 C、泛酸、烟酸等，对提高精子的活力和密度有一定影响。

7. 激素 精清中含有多种激素，如雄激素、雌激素、PG、FSH、LH、生长激素、促乳素、胰岛素、胰高血糖素等。单峰驼在繁殖季节，附睾液中睾酮、三碘甲状腺氨酸和甲状腺素含量分别为 (10.22 ± 0.21) ng/mL、(2.16 ± 0.08) ng/mL 和 (2.17 ± 0.09) μg/dL，非繁殖季节分别为 (4.23 ± 0.12) ng/mL、(1.98 ± 0.07) ng/mL 和 (2.27 ± 0.07) μg/dL。Almeida 和 Lincoln（1984）认为，在非繁殖季节，睾丸激素水平较低可能是由于血液中促性腺激素水平较低和催乳素水平较高所致。催乳素分泌的季节节律性受光照的影响，长日照分泌多，短日照分泌少。骆驼甲状腺的功能在夏季由于脱水而受到抑制，这种抑制通过降低肺失水和基础代谢来帮助保存身体水分。

8. 无机离子 精清中无机离子主要有 Na^+、K^+、Mg^{2+}、Ca^{2+}、Cl^-、PO_4^{3-} 和 HCO^{3-} 等，对维护渗透压和 pH 具有重要作用。微量元素常作为酶或辅酶的辅助因子而发挥作用，它们在精清中也具有非常重要的生理意义，其含量变化可以影响动物的生理状态。双峰骆驼精清中常见微量元素的含量见表 2-6。

表 2-6 双峰驼每 100mL 精清中微量元素含量（mg）

微量元素	含量	微量元素	含量
Cu	0.131 ± 0.060	Na	163.7mEq/L
Zn	0.826 ± 0.572	K	9.03mEq/L
Fe	2.800 ± 0.815	Ca	12.65
Mn	0.054 ± 0.048	Mg	18.18
Se	0.121 ± 0.065	p	1.960 ± 1.588
F	1.424 ± 0.079	S	8.020 ± 5.769

在自然交配情况下，精清作为精子的载体，对精子具有必不可少的保护作用，是必不可少的，特别是对阴道射精型动物（如骆驼）更加重要。但对受精则不是必需的，因为精子要完成获能必须排出精清。骆驼用附睾精子受精也能够受孕。

三、影响公驼精液品质的因素

精液品质是反映骆驼精液受精能力的质量指标体系，一般包括射精量、精液外观、精子密度、精子活力、精子形态以及精液生理生化特性等。精液品质的好坏，受多种因素的影响，主要有如下几个方面。

（一）年龄

曲细精管直径在骆驼 9 岁以前逐渐变大，精子数量逐渐增多，到 9 岁以后逐渐减少。精原细胞、初级精母细胞和精子细胞的总数在 6～18 岁发生变化。睾丸重量和大小随年龄增长而增加，在 10～15 岁时达到最大值，15 岁后略有下降。骆驼在 2.5～5

岁、5～10 岁和 10～20 岁的射精量分别为 7.82mL、8.12mL 和 7.94mL。

(二) 个体

骆驼个体之间的精液质量也有差异。有些个体产生精液的数量多、质量好，有些个体精液的质量较差。

(三) 营养

精液质量与公驼的总体健康和营养状况有关，营养不足，青年公驼的性成熟推迟，精子的形成受到抑制；维生素 A 严重缺乏时，睾丸重量和精子发生受影响；碘和硒缺乏时，射精量和精子浓度显著下降；伴随肥胖症、阴囊和会阴区脂肪沉积，睾丸温度会升高，公驼性欲下降，精子发生明显减少。

(四) 季节与温度

骆驼是季节性繁殖动物，精液品质在不同季节差异较大，特别是在冬季和春季。在繁殖季节，公驼的生精活跃度和曲细精管直径变大。在非繁殖季节，少量曲细精管上皮细胞进入后期和减数分裂阶段，而生精上皮细胞进入初级精母细胞阶段，最终发生减数分裂期的细胞较少。GnRH 处理可增强公驼在非繁殖季节的性行为。"公驼效应"使母驼的繁殖周期提前开始循环。在非繁殖季节，枕腺长为 20～55mm，宽为 10～30mm，重量可从非繁殖季节的 40～100g 增加到发情季节的 200～240g (Marie，1987)。在繁殖季节，血清和枕腺分泌物中雄激素含量分别为 30ng/mL 和 36ng/mL (Yagil 和 Etzion，1980)。枕腺对雄激素合成具有内分泌功能，其形态、酶和分泌活动与睾丸活动和发情行为有关 (Tingari，1984b)。这表明，枕腺可能是性信息素的来源 (Tingari，1984a)。公驼精液在冬季、春季、夏季和秋季的精子活力分别为 73.5%、70.1%、61.6% 和 65.0%，且不同季节颜色不同，但 pH 差异不显著。Deen 等 (2003) 观察，从 12 月起，公驼精液质量有所改善，1 月中旬后达到峰值，峰值表现持续到 4 月，从 5 月开始下降，到 5 月底时大部分公驼已经失去了性欲，拒绝射精。在埃及，单峰驼射精量在 2 月最高 (7.9mL)，12 月最少 (3.9mL)，1 月 (5.1mL) 达到中间值；精子活率 12 月为 40.2%，1 月为 43.7%，2 月精子活率显著提高，达到 60.7%。双峰驼冬季射精量和精子活率比夏季均显著提高，其原因是热应激影响了公驼睾丸的正常生精机能。

(五) 健康状况

公驼的健康状况对精液品质有重要影响。生殖系统疾病（如睾丸炎、附睾炎）、某些传染病（如布鲁氏菌病）等可降低精液品质，使公驼生育力降低，甚至不育。因此，采取一定措施，如适当的运动、预防注射等，对增强公驼的健康、提高其精液品质具有重要意义。

（六）其他

自然交配时的配种频率，人工授精时的采集技术、采精频率等，都可影响公驼精液品质。如果配种和采精频率过高，采精技术不当或技术不熟练等，均可使精液品质下降，受孕率降低。

第三章

母驼繁殖生理

CHAPTER 3

与其他家畜相比，母驼的繁殖效率较低。造成母驼繁殖效率低的主要原因包括初情期晚、妊娠期长（13 个月以上）、营养不良时泌乳相关的异常发情期延长（8～10 个月）、繁殖季节相对较短以及较高的早期胚胎死亡率。另外，随着环境温度的升高，公驼性欲下降也影响母驼的繁殖。所以必须了解骆驼的生殖生理，以便利用胚胎移植和人工授精等辅助生殖技术，提高其繁殖效率。

第一节　母驼性机能的发育

一、母驼性活动年龄

（一）初情期

母驼初情期是指其开始出现发情的时期。在初情期，母驼开始具备繁殖机能。由于骆驼是诱导排卵型动物，因此骆驼在发情时不伴有自发性排卵，只是在卵泡发育到一定程度时母驼表现发情。

双峰母驼初情期开始的年龄为 2～3 岁，以 3 岁受胎、4 岁产羔者较多见，但在自然放牧的驼群中也可见 3 岁产羔。对已知准确年龄的 104 峰母驼的调查表明，其第一次产羔年龄在 3 岁、4 岁和 5 岁的分别占 14％、62.8％和 14.91％。骆驼初情期的开始不仅与其年龄和体重有关，而且也受其他因素如营养、气候、环境等的影响。

单峰驼在 2～3 岁时已经开始有性活动，但在大多情况下一直到 4 岁才开始配种，而第一次产羔是在 5 岁左右。在用孕马血清促性腺激素诱导单峰驼提前进入初情期的操作中，虽然大多数母驼在注射孕马血清促性腺激素后会产生反应，但早期胚胎死亡率较高。

初情期受下丘脑-垂体-卵巢轴的生长发育和分泌活动的调节。接近初情期时，垂体生长很快，同时对下丘脑分泌的 GnRH 已有反应能力。达到初情期时，不仅释放到血液中的 GTH 量增加，而且卵巢对 GTH 的敏感性增强，从而引起卵泡发育。随着卵泡的发育和成熟，卵巢的重量增加，同时卵泡分泌的雌激素进入血液中，刺激生殖道生长、发育。有些动物在第一次发情时，往往出现安静发情现象，即只排卵而没有外部发情表现。这是因为在发情前需要少量的孕酮才能使中枢神经系统受到雌激素的刺激，进而引起发情；而在初情期前，卵巢上没有黄体存在，因而没有孕酮分泌，所以只出现排卵而不表现发情症状。

各种动物的初情期与其寿命有关，寿命长的动物，初情期往往较晚。初情期的早晚与动物繁殖力有关，初情期早的动物（如鼠），繁殖力较高；初情期晚的动物（如骆驼、大象），往往是单胎动物，终生繁殖的幼畜头数较少。此外，同种动物的初情期长短也受品种、气候、营养水平及出生季节等因素的影响。

（二）适配年龄

在现行的放牧和管理条件下，母驼多在 3 岁时开始配种，过早配种会影响母驼本身及胎儿的发育。在印度的大多数地区，母驼第一次配种在 4～5 岁，随着管理技术的改进，第一次配种的年龄减少到 3 岁，而第一次产羔时间在 5 岁。

（三）体成熟期

母驼出生后达到成年体重的年龄，称为体成熟期。母驼 5～6 岁时达到成年体重。

（四）繁殖终止期

母驼繁殖能力自然消失的时期，称为繁殖终止期。该期的长短与动物的种类及终生寿命有关。此外，同种动物的品种、饲养管理水平以及动物本身的健康状况等因素，均可影响繁殖终止期。母驼的繁殖能力可维持到 18～20 岁，但 20 岁以上产羔者也并非罕见。成年母羊驼的繁殖能力可持续到 13～15 岁。

二、母驼发情季节

（一）季节性发情

母驼发情周期之所以有季节性，是长期自然选择的结果。我国双峰驼的繁殖集中于冬、春两季，但开始发情的时间因地区及地理环境的差异而有不同，这可能和地理位置、海拔、气温及个体的营养状况有关。例如，在青海省海西蒙古族藏族自治州，海拔为 2 100m 左右，地理位置为东经 98°、北纬 37°左右，87% 的当地母驼在 12 月下旬至翌年 1 月中旬左右开始发情；在内蒙古自治区阿拉善右旗，海拔为 1 400m，当地母驼多集中在 12 月下旬至翌年 1 月中旬发情；在甘肃省的酒泉市、古浪县、瓜州县等地的母驼发情多集中在 1 月下旬。

有些母驼在第一个卵泡开始发育之前，卵巢上有 1～3 个直径超过 5mm 的小卵泡出现，可持续 10d 左右，但最大直径达不到 10mm。此时母驼没有发情表现，只有等到正常卵泡发育时才发情。一般来说，在发情季节初期，母驼卵巢上有这种卵泡时多不发情。有些母驼虽然卵巢上有直径 10mm 以上的卵泡，但也没有发情表现，试情时拒配或不表现明显的性接受行为。如果强行配种，也可引起排卵并能受孕，证明该卵泡发育正常。这种情况可能和其他动物在发情季节内第一次发情时的安静发情相似。

发情季节开始之后，母驼陆续发情配种，受孕后大多不再发情。母驼的发情外部特征不明显，特别是 4 月下旬以后，公驼不再表现明显的性欲，则难以用试情来检查是否还有母驼发情。因此，母驼的发情结束时间一般为 4 月中旬，随后进入休情期。但在此以后数个月的休情期中，母驼的卵巢上仍有卵泡发育，只是卵巢的机能不如在发情季节旺盛。在休情期，卵巢上的卵泡仍然可以发育到成熟，用外源激素如绒毛膜促性腺激素或促性腺激素释放激素等也可引起排卵。

一般认为，单峰驼也是季节性多次发情的动物，但关于发情季节的开始及结束时间在不同地区之间差异较大。例如，在苏丹，单峰驼的发情季节为 3—8 月，在巴基斯坦为 12 月至翌年的 3 月，索马里亚为 4—5 月，印度为 11 月至翌年 3 月，埃及为 12 月至翌年 5 月，而在沙特阿拉伯，如果营养状况良好，则母驼在全年均可发情。对骆驼而言，气候温度像光照一样使褪黑激素节律性分泌。这表明，骆驼的繁殖季节与环境温度的热周期同步。

（二）褪黑素调控骆驼季节性繁殖

了解和掌握母驼发情周期中激素的变化，对于研究发情和排卵规律、探索诱导排卵、定时输精、控制分娩等方面有重要意义。褪黑素（MT）是将光周期与生殖活动协同起来的重要信号，光照信息对生殖系统的调节作用是通过松果体分泌的 MT 传递到下丘脑-垂体-性腺轴调节 FSH 和 LH 等激素的释放，从而影响性腺生殖激素分泌。研究表明，视网膜接收光周期信号后通过视交叉上核（SCN）传递到下游松果体，引发松果体合成分泌（昼低夜高）MT，并通过甲状腺激素（TH）的作用调控哺乳动物的季节性繁殖。褪黑激素受体（MTNR）广泛分布于垂体结节部（PT）产生促甲状腺激素（TSH）的特异性细胞上。以 MT 敏感的 C3H 小鼠为研究对象，发现 TSH 是 MT 在 PT 区作用的主要信号目标。而 TSH 可以与位于下丘脑室管膜细胞上的促甲状腺激素受体（TSHR）结合，从而影响室管膜细胞中脱碘酶 2（DIO2）和脱碘酶 3（DIO3）的表达水平。DIO2 可以将四碘甲状腺原氨酸（T4）转化为 TH 活性更强的三碘甲状腺原氨酸（T3），而 T3 和 T4 会被 DIO3 钝化。研究发现，注射 TSH 或将光周期从短光照变为长光照均会导致 DIO2 的表达显著上升，而 DIO2 的上升将 TH 前体转化为活性形式 T3，从而活化促性腺轴。该结论已在 TSHR 和 MTNR 缺失小鼠的研究中得到证实，并对该小鼠注射 MT 后未影响 DIO2/DIO3 的转换。推测 MT 作用于其受体，并通过 TSH-TSHR 通路调控 DIO2/DIO3 的表达，继而调节 T3/T4 水平，调节 GnRH 释放，最终对动物的繁殖活性进行调控。骆驼合成褪黑素明显有日节律和季节节律，其可以通过夜间褪黑素峰值持续时间的变化，整合不同纬度下的光照变化。因此，骆驼可以利用褪黑素合成的光照变化来同步它们的繁殖季节。使用外源褪黑素控制骆驼的繁殖季节，可以提高其繁殖力。褪黑素通过其特异性受体 MT1 发挥作用，这些受体在机体多个组织中表达，在许多物种的结节部（PT）中 MT1 的浓度最高。PT 整合褪黑素信号与受体 MT1，调节促甲状腺激素（TSH）的合成，与短光照相比，长光照下 TSH 的合成水平高。然后，TSH 激活下丘脑室管膜细胞上的 TSH 受体，通过双重激活脱碘酶 2 和抑制脱碘酶 3 来增加下丘脑内侧基底部的甲状腺激素（T3）水平。Klosen 等（2013）研究表明，对短光照性抑制适应的西伯利亚雄性仓鼠和叙利亚雄性仓鼠，长期使用 TSH，可恢复其长光照生殖表型。同时，促甲状腺激素可以增加与季节性繁殖相关的两种神经肽，即下丘脑 RF 酰胺相关肽（RFamide-related peptide，RFRP）和 kisspeptin（Kp）肽的表达。由此结果可以假设褪黑素-TSH-T3 通过这些神经元调控季节性繁殖活动。通过作用于结节部，在长光照期，低水平的褪黑素促进 TSH 的分泌，增加了第三脑室管膜细胞中 DIO2 的表达，导致 T3 的分泌增加。T3 可以增加 kisspeptin 和 RFRP 的合成，而 kisspeptin 和 RFRP 神经肽参与了 GnRH 神经元的调节和两种垂体激素 LH 和 FSH 的下游分泌，这两种激素可以调节卵巢活动（图 3-1）。

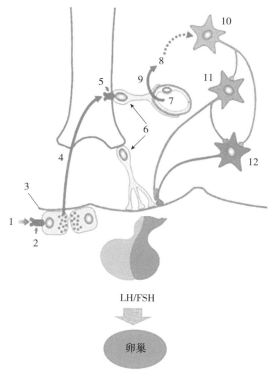

图 3-1　褪黑素调控季节性繁殖的示意
1. 褪黑素　2. 褪黑素受体　3. 结节部　4. 促甲状腺激素　5. 促甲状腺激素受体
6. 室管膜细胞　7. 四碘甲状腺原氨酸　8. 三碘甲状腺原氨酸　9. 脱碘酶 2
10. RFRP 神经元　11. Kiss 神经元　12. GnRH 神经元
（资料来源：Ainani，2018）

三、母驼发情症状

母驼发情时，不仅在行为上表现明显的特征，而且某些生殖器官也发生一系列变化。例如，卵巢上的卵泡发育并分泌雌激素是导致母驼发情的本质原因，而外生殖器官变化和性行为变化是发情的外部症状。正常的发情主要表现在卵巢、生殖道和行为三方面的变化，且其生理变化程度因发情阶段不同而有差异，一般在发情盛期表现最明显，而在发情前期和后期表现较弱。此外，不同物种或同一品种的不同个体，发情的表现程度也有差异。单峰母驼发情时变得不安，不断磨牙，频繁举尾排尿；阴门明显肿大，不断开闭；阴道黏膜粉红、湿润、松弛，有恶臭味，这种臭味对公驼是一种强烈的嗅觉刺激（图 3-2）。此时，母驼接受公驼的接近，发情行为持续时间为 1～21d，平均持续 4～6d。直肠检查时发现，在发情开始时母驼子宫角弯曲，但不如牛的那么明显，子宫腔内有少量液体积存，尤其是在老年母驼，其无论发情与否，子宫腔中都有液体积存。双峰驼母驼发情的特征不如其他家畜明显，母驼只在卵泡发育成熟时才表现发情，但只有在公驼接近时才卧下并接受交配。发情母驼卧地时，也接受其他母驼和幼龄公驼的爬跨；成年母驼发情旺盛时，有时跟随公驼，有时还会爬跨其他母驼。表现出强烈发情行为的母驼比例通常很小，尽管有成熟卵泡存在，但并非所有的母驼都会表现出全部发情行为。另外，卵巢中没有卵泡的母驼也会接受公驼的接近，在排卵后7d内，或者在妊娠和孕酮水平较高时，也会接受公驼的接近。双峰驼的发情周期长短不一，但是经产母驼的发情周期往往比初产母驼要长，一般为2～8d；哺乳期母驼的发情周期比较短。母驼发情时生殖道无明显可见的变化，子宫颈比不发情时稍微柔软，子宫张力增加；阴道稍湿润，仅有少数母驼在发情时有少量黏稠的液体；阴唇无明显肿胀。因此，骆驼仅靠外部观察发情鉴定准确率不高。

图 3-2　单峰驼母驼的发情行为

注：当公驼嗅完母驼的尿液和外阴时，母驼表现翘尾和性嗅反应

（资料来源：Skidmore，2000）

第二节　母驼卵巢活动及其周期调控

一、卵泡发生

卵泡生长阶段的精确定义为管理骆驼的繁殖周期提供了更好的指导。牛、马、绵羊、山羊和水牛在发情周期中，卵巢卵泡的生长呈波状，并达到最大体积时自然排卵。然而，骆驼是诱导型排卵动物，只有在交配的刺激下才会排卵。因此，卵泡生长有一段成熟期，在此期间卵泡有可能发生排卵，如果不诱导排卵，则会闭锁退化。骆驼卵巢卵泡动力学的变化描述为"卵泡波模式"比描述为发情周期更准确。超声检查结果表明，骆驼个体之间卵泡波形有明显差异，但可分为四个阶段，即卵泡募集期、生长期、成熟期和闭锁（退化）期。

（一）卵泡募集期

卵泡募集期是指从没有任何卵泡活动到卵巢上出现一些直径为2～3mm的卵泡所

需要的时间。关于每个卵泡波的募集机制知之甚少，可能是卵泡对 FSH 增加的反应。卵泡募集只能通过组织学研究才能了解其机制。单峰骆驼卵泡募集期为 2~4d。

（二）卵泡生长期

卵泡募集期为 3~6 个卵泡生长期，直到形成一个或两个优势卵泡。在单峰驼中，卵泡以每天 0.5~1.0mm 的速度生长，直到直径达到 1.0cm，然后一个或两个卵泡发育为优势卵泡并继续生长，此期一般持续 6~10d。研究表明，有一半的情况中，优势卵泡生长到平均直径为（2.0±0.1）cm（1.5~2.5cm）时，其他卵泡则闭锁；而另一半的情况中，优势卵泡在开始退化前继续生长到平均直径为（4.2±0.2）cm（4.0~6.4cm），平均需要（18.4±0.8）d 达到最大直径。卵泡数与最大卵泡直径有强相关性，这与卵泡波理论是一致的（图 3-3）。

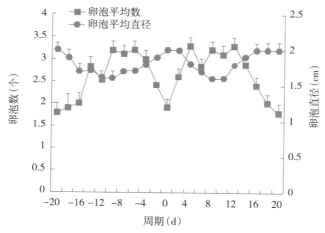

图 3-3　未交配骆驼卵泡数量与卵泡直径之间的负相关性

注：第 0 天卵泡达到最大直径

（资料来源：Skidmore，2000）

（三）卵泡成熟期

这一阶段包括卵泡达到最大直径以及能够排卵的时间。当卵泡直径在 1.5~2.5cm 时，此期平均持续（7.6±0.8）d；如果卵泡发育到直径为 4.0~6.4cm 时，此期平均持续（4.6±0.5）d，且此时的卵泡不能排卵。优势卵泡的形成和从属卵泡的退化很可能是在卵泡原位产生抑制素所致。这一点用抗抑制素免疫单峰驼母驼后，相同卵泡波的卵泡大小大于 1.0cm 的卵泡数量增加而得以验证。双峰驼生长期卵泡数量的显著减少与成熟期的开始有关（图 3-4），成熟期卵泡数量显著增加的前一天被认为是成熟期的终止日期（图 3-5）。因此，生长期、成熟期和闭锁（退化）期的平均时长分别为（10±0.68）d、（10±0.35）d 和（24.6±1.29）d。此外，完整卵泡波的长度为（44.3±2.32）d，而两个连续成熟卵泡的检测间隔（波间期）为（19.1±0.59）d。

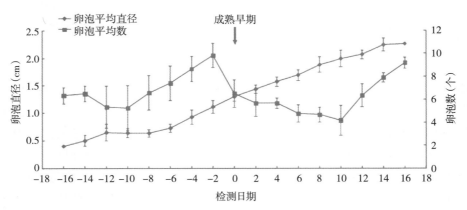

图 3-4　双峰驼卵泡数量与卵泡直径之间的相关性

注：第 0 天卵泡数显著减少

（资料来源：Nikjou，2009）

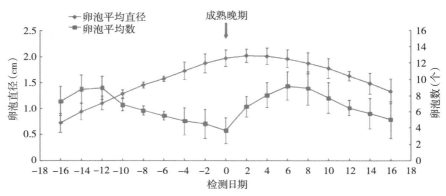

图 3-5　双峰驼卵泡数量与卵泡直径之间的相关性

注：第 0 天卵泡数显著增加

（资料来源：Nikjou，2009）

（四）卵泡闭锁（退化）期

在没有交配或诱导排卵的情况下，成熟卵泡开始退化，成熟卵泡直径达到1.5～2.5cm，平均持续（11.9±0.8）d；对于直径较大的未排卵的卵泡，平均持续（15.3±1.1）d。在闭锁（退化）期，过大卵泡的卵泡液在早期通常是浆液性的，随后形成组织性纤维蛋白。这些大卵泡可分为 5 类，即透明液体的薄壁大卵泡、透明液体的壁厚（2～4mm）卵泡、腔内有漂浮物的厚壁卵泡、腔内有血凝块和纤维蛋白的厚壁卵泡（出血卵泡）和黄体化卵泡。这些未排卵的卵泡，有些会继续黄体化，并产生与黄体相似水平的孕酮。然而，这些过大的卵泡不会抑制同侧卵巢或对侧卵巢中其他卵泡的生长发育，如果此时施加适当的刺激，这些卵泡会发育成熟并排卵。一般情况下，成熟卵泡完全退化之前，新的卵泡变得可见，并开始生长，在单峰驼中，波间期为（18.2±1.0）d。

二、卵泡发育

深入了解骆驼卵泡和卵母细胞发育的生物学特性，对建立骆驼卵泡和卵母细胞的体外培养体系具有重要意义。然而，在卵泡和卵母细胞发育阶段之间，甚至在细胞核成熟和细胞质成熟之间，卵母细胞内部也存在一些差异。卵泡发育从形态上可分为几个阶段，依次为原始卵泡、初级卵泡、次级卵泡、三级卵泡和成熟卵泡。初级卵泡、次级卵泡和三级卵泡统称为生长卵泡。也可根据出现泡腔与否，分为无腔卵泡、腔前卵泡、有腔卵泡或囊状卵泡。三级卵泡以前的卵泡尚未出现泡腔，统称为无腔卵泡。三级卵泡和成熟卵泡因为存在卵泡腔，所以又称为有腔卵泡。表 3-1 中概述了骆驼卵母细胞在卵泡发育过程中发生的超微结构变化。

表 3-1　骆驼无腔和有腔卵泡卵母细胞的超微结构

项目	超微结构						
	无腔卵泡			有腔卵泡			
	原始卵泡	初级卵泡	次级卵泡	直径<6mm	直径 6～10mm	直径 10～17mm	直径 17～30mm
颗粒细胞	1 层扁平	1 层立方	多层柱状	多层紧凑	多层扩展	很少扩展	无
连接	ZA	G-ZA	G-ZA	G	少	无	无
透明带	无	无	无	有	有	有	有
卵黄周隙	无	无	无	少	有	有	有
微绒毛	无	无	无	卵丘细胞突起	CCPE	CCPE	CCPE
核	偏中心	偏中心	偏中心	外周	外周	外周	看不到
线粒体	适中/圆	许多/圆	许多/多形	多形/遍及	遍及	许多/遍及	遍及
脂质小滴	很少	中等	中等	许多/小	中等/小	很少/小	残留
囊泡	少而小	适度	适度	中等	中等而多	多而中等	多而大
内质膜	外周	遍及	遍及而多	外周	外周	许多	许多
高尔基复合体	外周	外周	遍及	外周	外周	许多	许多

资料来源：Davoodian，2011。

注：MV，微绒毛；PVS，卵黄周隙；ER，内质网；G，间隙连接；ZA，小带粘连；CCPE，卵丘细胞突起末端。

（一）原始卵泡

静止原始卵泡的卵母细胞被 6～10 个扁平颗粒细胞包围，呈卵圆形至球形（图 3-6A）。颗粒细胞和卵膜之间存在缝隙连接和带状粘连样连接（图 3-6B）。卵母细胞核呈网状或半致密核仁，位于偏离中心位置。线粒体位于外周区，以圆形为主，少量以细长线粒体存在，其中一些含有颗粒。外围区域的圆形线粒体可能是拉长的横截面，有少量脂滴囊泡，囊泡和管状内质网均在外周区。小的高尔基复合体很少位于靠近卵膜处。

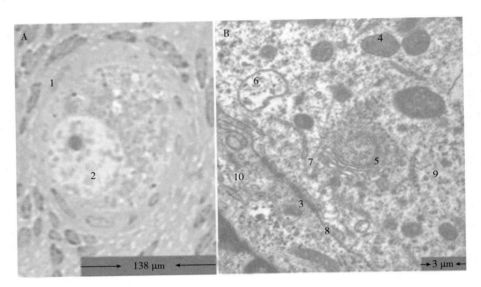

图 3-6　骆驼原始卵泡及其超微结构
A. 静止原始卵泡（720×）　B. 原始卵泡电镜图（15 500×）
1. 扁平颗粒细胞　2. 核　3. 小带黏着样连接　4. 线粒体　5. 高尔基复合体
6. 囊泡　7. 内质网　8. 卵膜　9. 卵母细胞　10. 颗粒细胞
（资料来源：Davoodian，2011）

（二）初级卵泡

虽然很少有扁平颗粒细胞的初级卵泡（图 3-7A），但大多数卵母细胞被一层 10～15 个立方颗粒细胞包围。在某些特征上与原始卵泡相似，颗粒细胞和卵膜之间有缝隙连接和小带粘连样连接（图 3-7B）。细胞核位于偏离中心位置，部分卵母细胞内可见网状核仁。细胞器分布于整个卵细胞质，与原始卵泡相比，圆形线粒体较多，泡状内质网较多。在此阶段未形成透明带（ZP）。

（三）次级卵泡

次级卵泡以部分或完全以两层或两层以上的立方颗粒细胞包围（图 3-8A）。小带粘连样连接的数目增加，卵膜上极少量短微绒毛出现（图 3-8B），细胞核位于偏离中心的位置。管状内质网和泡状内质网数目增多。出现大量不同形状和大小的线粒体，但以圆形线粒体为主。高尔基复合体靠近卵膜和细胞核周围。ZP 在这个阶段依然未形成。

（四）有腔卵泡

1. 直径＜6mm 的未成熟卵泡　这些卵泡看似不成熟，球形卵母细胞被多层卵丘细

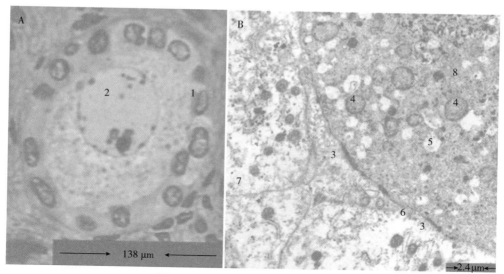

图 3-7　骆驼初级卵泡及其超微结构

A. 静止原始卵泡（720×）　　B. 原始卵泡电镜图（8 900×）

1. 立方颗粒细胞　2. 核　3. 小带黏着样连接　4. 线粒体

5. 囊泡　6. 卵母细胞　7. 颗粒细胞　8. 卵膜

（资料来源：Davoodian，2011）

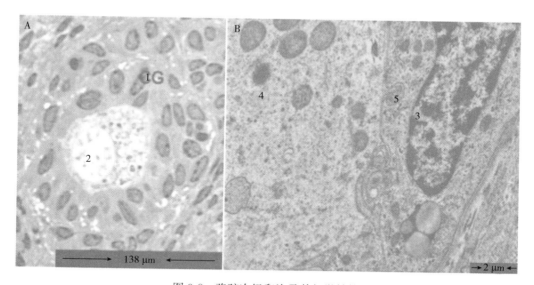

图 3-8　骆驼次级卵泡及其超微结构

A. 静止原始卵泡（720×）　　B. 原始卵泡电镜图（11 500×）

1. 立方颗粒细胞　2. 核　3. 颗粒细胞　4. 卵母细胞　5. 卵母细胞与颗粒细胞的连接处

（资料来源：Davoodian，2011）

胞包围，卵丘细胞致密，细胞暗淡或呈黑色。在大多数卵母细胞中，存在卵丘细胞之间以及卵母细胞与卵丘细胞之间的连接。ZP 是卵母细胞周围的均匀透明层，包括卵丘细胞的纵向、斜向和横截面的突起（CCP）。细胞核位于外周，半数卵母细胞无卵黄周隙（PVS），其余卵母细胞有狭窄的卵黄周隙或部分显示卵黄周隙，部分卵母细胞可见不同数量的微绒毛。线粒体簇分布于整个卵细胞质，但其形状、大小和分布在不同的卵母细胞中是不同的。在整个卵细胞质中观察到不同大小和形状的囊泡，周围多为中、小型脂滴。囊泡、脂滴和线粒体在整个卵细胞质中密切相关。管状内质网和泡状内质网主要分布在外周（图3-9）。

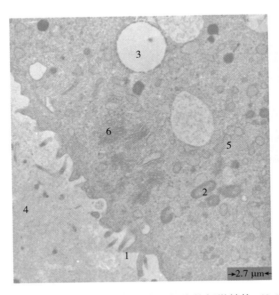

图3-9 骆驼卵泡直径＜6mm时卵母细胞的超微结构（8 900×）
1.微绒毛 2.线粒体 3.囊泡 4.透明带 5.内质网 6.高尔基复合体
（资料来源：Davoodian，2011）

2. 直径为6～10mm卵泡 随着卵泡直径的增大，卵母细胞外围出现PVS，并能观察到微绒毛。在这些卵母细胞中，大多数卵母细胞被几层颗粒细胞所包围，尽管卵母细胞膜和颗粒细胞之间有连接，但还是出现轻微的扩散。ZP是均匀的，可观察到卵丘细胞突起末端（CCPE）（图3-10A）。大多数卵母细胞的细胞核处于外周，可见线粒体簇分布于整个卵细胞质（图3-10B）。大多数卵母细胞有大量的中、大型囊泡，脂滴的数量和大小进一步减少，皮质区显示颗粒。观察到管状和泡状内质网以及高尔基复合体。此外，线粒体、囊泡和脂滴之间有密切的联系，细胞器均匀分布。

3. 直径为10～17mm卵泡 直径为10～17mm的球形卵泡卵母细胞被少量扩散的颗粒细胞包围，其中两个卵母细胞被致密颗粒细胞包围。在大多数卵母细胞中，观察到卵丘细胞之间以及卵母细胞与卵丘细胞之间的连接断裂。卵母细胞被相对相似和同质的ZP包围，CCPE穿过ZP，并有发育较好的较窄的PVS。大量微绒毛伸向PVS，呈柱状或细的垂直或倾斜形状（图3-11A）。卵细胞核几乎都位于外周，卵母细胞膜持续可见。大多数卵母细胞中有许多不同形状和分散的活性线粒体以及皮质颗粒（图3-11B）。卵母细胞内可见大量大小不等的胞质小泡，以中等

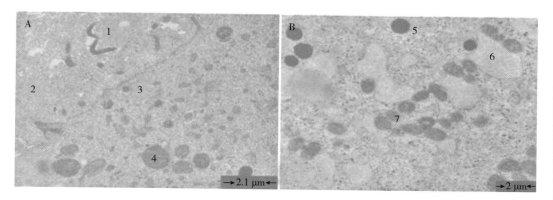

图 3-10　骆驼卵泡直径＞6mm 时卵母细胞的超微结构

A. 直径 8mm 卵泡卵母细胞的超微结构电镜图（8 900×）

B. 直径 7mm 卵泡卵母细胞的超微结构电镜图（11 500×）

1. 卵丘细胞突起末端　2. 透明带　3. 皮质颗粒　4. 线粒体　5. 颗粒　6. 囊泡　7. 线粒体簇

（资料来源：Davoodian，2011）

大小为主。卵母细胞中可见极少量脂滴，多数为小脂滴，其余无脂滴或仅有脂滴残留。高尔基复合体和内质网数量增加。此外，囊泡、线粒体和脂滴混合分布在整个卵细胞质中。

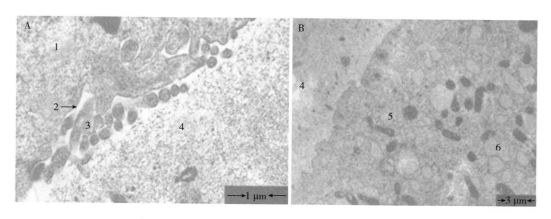

图 3-11　骆驼卵泡直径＞10mm 时卵母细胞的超微结构

A. 直径 12mm 卵泡卵母细胞的超微结构电镜图（11 500×）

B. 直径 11mm 卵泡卵母细胞的超微结构电镜图（8 900×）

1. 卵母细胞　2. 卵黄周隙　3. 微绒毛　4. 透明带　5. 皮质颗粒　6. 内质网

（资料来源：Davoodian，2011）

4. 直径为 17～30mm 卵泡　卵母细胞周围无颗粒细胞（图 3-12），PVS 内有大量的微绒毛。多数卵母细胞的细胞核是看不见的，个别卵母细胞的 PVS 中观察到极体。线粒体分布于整个卵细胞质中。囊泡的数量和大小增加，而且大多数卵母细胞仅显示脂滴残留，但卵母细胞均未退化。

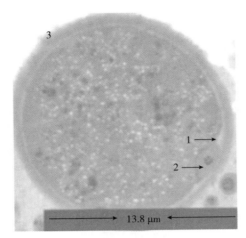

图 3-12　骆驼卵泡直径＞17mm 时卵母细胞的光显微镜图（720×）

1. 卵黄周隙　2. 极体　3. 透明带

（资料来源：Davoodian，2011）

三、未配种母驼卵巢卵泡动力学

通常将骆驼卵巢卵泡动力学的周期性变化描述为"卵泡波型"。早期对单峰驼卵泡波模式的描述是基于对少数母驼的尸检和直肠触诊。这些研究报道了不同国家骆驼的卵泡寿命（即从卵泡出现到卵泡退化），印度为 17～23d，埃及为 24d，苏丹为 28d，卵泡波在繁殖季节开始和结束时（19～22d）要比中期（12～15d）长。双峰驼的优势卵泡平均寿命为 19（14～21）d。在单峰驼的卵泡周期中，超声波检查结果显示，生长期、成熟期和闭锁期分别为 10.5d、7.6d 和 11.9d，成熟卵泡的直径为 13～17mm。双峰驼在接近繁殖季节时，出现不完全（过渡）的卵泡周期（20.2±2.25）d，在此期间最大的卵泡直径达到（10.3±0.66）mm。在过渡期之后开始了完整的卵泡周期（44.3±2.32）d，由生长期、成熟期和闭锁期组成，分别为（10±0.68）d、（10±0.35）d 和（24.6±1.29）d。未交配母驼卵泡周期约为 18d，而交配驼的卵泡周期缩短为 13～14d。母驼优势卵泡的直径为 1.3～1.7cm，但在单峰驼中卵泡直径可达 4～6cm，出现这些大而不排卵的卵泡归因于公驼和母驼的分群管理。母驼发情行为很难解释，可能与外周血雌二醇浓度或卵泡生长有关。雌二醇浓度随着卵泡生长而增加，直到卵泡直径达到约 1.7cm 时，随着卵泡闭锁而开始减少。在未交配的母驼中，孕酮的浓度在整个繁殖季节中都很低，但如果母驼交配，则在排卵后 3～4d 内会增加。当卵泡直径在 1.0～1.9cm 时，通过 hCG 和 GnRH 注射以及自然交配也可以诱导排卵，但未妊娠的母驼黄体寿命期仅为 8～11d。然而，研究证明，使用实时超声波监测卵巢卵泡的每天变化情况更加准确。用 B 超检查母驼生殖道比较容易：保定母驼，清理直肠内的粪便，并将 B 超的探头小心地导入直肠。探头触碰到子宫和卵巢时，充满液体的卵泡很容易分辨为球形，在卵巢中形成无回声的"黑洞"。

卵泡波的活动性在骆驼个体之间变化很大，表现为卵巢中卵泡数量的周期性增加，其中一个卵泡将生长成为优势卵泡，而其他卵泡则退化。每个卵泡波可分为生长期、成熟期和闭锁期三个不同的阶段。在单峰驼卵泡的生长期，一群小卵泡以每天 0.5～1.0mm 的速度生长到直径达 10mm，然后通常只有一个卵泡有机会继续生长成为优势卵泡（DF），而其他卵泡则退化。卵泡数量与最大卵泡直径之间呈反比关系，即卵泡数量随着优势卵泡直径的增加而减少，这与 Adams（1990）等在美洲驼上提出的卵泡波理论相一致。单峰驼的这种生长期持续 6～10d。在单峰驼和双峰驼中，优势卵泡的平均最大直径为（20±1.0）mm（范围为 15～25mm；图 3-13A），但在大约 50% 的单峰驼发情周期中，优势卵泡继续生长到直径（42±2.0）mm（范围为 40～64mm；图 3-13B）时开始退化，平均（18.4±0.8）d 达到最大直径。优势卵泡的建立和从属卵泡的退化可能是由卵泡原位产生的抑制素控制，它反馈作用在垂体上，抑制其分泌 FSH，使剩余卵泡失去了发育所需的促性腺激素水平。免疫单峰驼母驼抗抑制素后，同一卵泡波中直径大于 10mm 的卵泡数增加的研究结果证实了上述理论。

卵泡发育进入成熟期，即从卵泡建立优势地位并能够排卵到在没有交配的情况下开始退化的时间。在双峰驼中，其持续时间约为 10d，而在单峰驼中，如果成熟卵泡直径在 13～25mm，其持续时间为（7.6±0.8）d；如果卵泡生长到 40～64mm，则其持续时间为（14.8±0.5）d。然而，这些非常大的卵泡并不会发生排卵，而是发生闭锁，这一点得到了组织学研究的验证，因为生长中的卵泡在 10～20mm 具有较厚的颗粒层和明显的内膜，而在大卵泡（直径>30mm）中，颗粒细胞已经退化并变得脆弱。同时，卵泡膜变薄，与相邻基质的区别变小。增大的卵泡中，两个细胞层的退化也可能导致 LH 受体的减少，导致对排卵刺激不敏感。在没有交配或其他诱导排卵处理的情况下，逐渐进入退化期，如果测量卵泡直径达 15～25mm 时，退化期平均需要（11.9±0.8）d，而对于较大的不排卵卵泡退化期需要（15.3±1.1）d。在退化期间，这些卵泡（直径>30mm）的卵泡液产生自由漂浮的纤维蛋白束；当生长最终停止时，

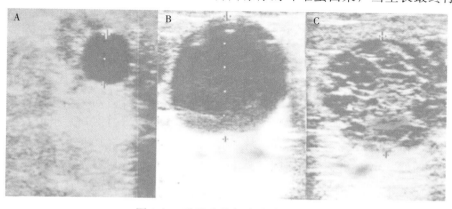

图 3-13 骆驼卵泡超声波检查结果
A. 正常成熟的排卵前卵泡直径为 17mm B. 过大未排卵卵泡直径为 50mm
C. 未排卵而退化的卵泡，卵泡液中显示横切纤维蛋白束的回声
（资料来源：Julian，2011）

随着卵泡退化，这些纤维蛋白束变得更有组织性，形成横切的纤维带（图 3-13C）。尽管如此，这些非常大的卵泡似乎不会干扰同一侧或对侧卵巢上其他较小卵泡的生长，如果施加适当的刺激，这些卵泡就会成熟并发生排卵。在所有情况下，新的卵泡在成熟卵泡完全退化之前就开始生长。在单峰驼中，卵泡波间期为（18.2±1.0）d。

四、配种母驼卵巢卵泡动力学

如果母驼和公驼一起饲养，当优势卵泡直径为（13±2.0）mm 时，它们通常会交配，但此时的卵泡直径比未交配母驼的优势卵泡直径（15～25mm）要小。这表明卵泡在达到最大尺寸之前已经成熟到可以排卵的程度。此外，当优势卵泡成熟时，母驼与公驼交配，不会产生超大卵泡，由此产生的排卵阻止了卵泡的进一步生长。在交配的母驼中，排卵是通过交配后 28～36h 内成熟卵泡的快速消失来检测的。在交配后的第 4～5 天，通过超声检测可以识别发育的黄体（CL），其在第 8～9 天达到最大尺寸。如果子宫中没有孕体，黄体会在第 9～12 天内退化，这意味着与其他物种相比，骆驼在没有妊娠的情况下黄体寿命相对较短。骆驼胚胎释放抗黄体溶解的信号，母驼对妊娠信号进行识别，如果母驼要维持 CL 从而建立妊娠，则第 7 天或第 8 天在母体子宫内膜方可检测到胚胎。母驼妊娠识别的时间比其他物种要早。即使存在 CL，卵泡活动仍将继续，因为在交配的母驼中，新的卵泡波在排卵后的第 4～6 天开始形成，并且在非妊娠母驼完成黄体溶解后，产生一个新的成熟卵泡，即同侧或对侧的带有 CL 的卵巢。因此，交配和随后的排卵导致配种未妊娠的单峰驼母驼波间期缩短至（13.8±3.3）d，双峰驼母驼缩短至（11.7±1.1）d。

五、产后母驼卵巢卵泡动力学

研究结果显示，母驼产后 14～17d，卵巢活动恢复，并在卵巢上可监测到不同卵泡群。Skidmore 等（2004，2011）报道，在饲养良好的骆驼中，一些母驼在产后 30d 时卵巢活动明显，可用超声检查评估。此外，在断奶或失去后代后，母驼在 10～12d 内出现成熟卵泡。Chen 和 Yuen（1979）在双峰驼的研究中发现，产后 5～35d 就能检测到直径10～14mm 卵泡。Vyas 和 Sahani（2000）使用直肠触诊和阴道超声检查时，在产后34～70d 母驼卵巢上检测到直径≥10mm 卵泡。Derar 等（2014）报道，早期募集卵泡在上次妊娠的子宫角对侧卵巢可观察到。Dufour 和 Roy（1985）研究显示，先前妊娠子宫角似乎对同侧卵巢的卵泡生长有一定的抑制作用，其中大多数排卵发生在先前妊娠子宫前角的对侧卵巢。Manjunathaa（2012a）表示，CL 的存在并不影响优势卵泡（DF）的线性生长速率、生长持续时间或成熟期，并且没有证据表明，诱导形成 CL 的 P4 能改变单峰驼 DF 的特征。此外，骆驼发情的迹象并不总是与卵泡状态相关。因此，这些发情的行为迹象很难与卵巢中的卵泡活动联系起来，也不能仅靠发情行为决定骆驼的配种时间。

六、母驼卵泡周期激素水平

（一）促性腺激素

1. 促黄体素 交配会引起骆驼促黄体素（LH）的分泌峰值。单峰驼在交配后 1h 内血清 LH 水平升高，2～3h 后达到最大值（3～19ng/mL），6h 后开始下降。在发情期，LH 协同 FSH 刺激卵泡的生长发育、优势卵泡的选择和卵泡的最后成熟。当卵泡发育接近成熟时，LH 快速达到峰值，触发排卵。双峰驼交配后 4h 左右 LH 浓度达到（6.9±1.0）ng/mL，8h 后下降。

2. 促卵泡素 在单峰驼中，交配后 3～4d 其促卵泡素（FSH）水平趋于增加，但这种增加幅度很小。

（二）性激素

1. 雌二醇 在单峰驼和双峰驼中，由于生长卵泡的存在，外周血雌激素浓度往往较高，并在发情后的 3～5d 内下降。雌二醇水平在骆驼个体间有较大差异。一般来说，雌二醇水平与卵泡发育有关，即随着卵泡直径的增加，雌二醇浓度从（25.0±0.4）pg/mL 的基础水平增加到（39.0±1.8）pg/mL，直到卵泡直径达到 17mm。然而，即使卵泡在随后的几天内可能继续生长到直径大于 20mm，但雌二醇平均水平往往会下降到 25.0pg/mL，直到下一个卵泡波生长（图 3-14）。这很可能是由于直径超过 20mm 的过大卵泡不排卵，并开始卵泡闭锁的原因所致。另外，未交配的骆驼没有黄体期和卵巢上不断发生新的卵泡波导致雌二醇浓度波动不大。雌二醇的第二个峰值通常在交配后第 13 天出现，相当于新的排卵前卵泡。在非繁殖季节，由于卵泡发育波的不完整，外周血雌二醇的浓度保持低水平或出现不规律的小幅上涨。

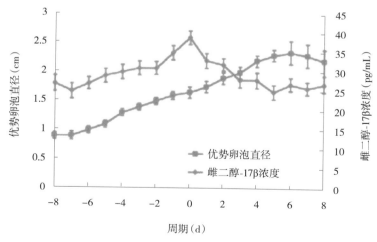

图 3-14　血清雌二醇-17β浓度与未妊娠母驼卵泡直径关系

（资料来源：Skidmore，2000）

2. 睾酮 血清睾酮水平与雌激素的变化相同。伴随着卵泡增大，睾酮水平增加，血清睾酮浓度从 50pg/mL 增加到 1 000pg/mL，然后随着卵泡的闭锁而下降。

3. 孕激素 孕激素的主要来源是 CL，因此在没有交配和排卵的情况下，孕酮的浓度仍然很低（<1ng/mL）；交配后的孕酮浓度在排卵后的 3~4d 保持较低，但在第 8 天或第 9 天开始稳定上升到约 3ng/mL 的峰值，然后在第 10 天和第 11 天急剧下降，在第 11 天或第 12 天浓度小于 1ng/mL（图 3-15）。与其他动物相比，骆驼孕酮水平较低，但是体现排卵和 CL 形成的指标良好。在双峰驼中，排卵后 3d 观察到血清孕酮水平升高至（1.73±0.74）ng/mL，然后持续上升，直到排卵后第 7 天，在未妊娠母驼血清孕酮水平再次下降之前，孕激素水平达到（2.4±0.86）ng/mL 的平台期。

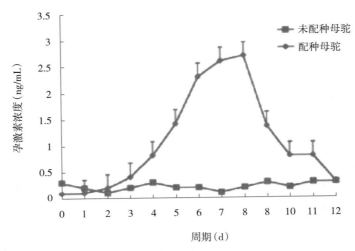

图 3-15　未配种和配种母驼血清孕激素浓度
（资料来源：Skidmore，2000）

（三）前列腺素

骆驼黄体溶解的机制仍有待阐明，但有确凿的证据表明前列腺素参与此过程。Skidmore 等（1998）报道，黄体溶解过程中，$PGF_{2\alpha}$ 的血液主要代谢物 13,14-二氢-15-酮 $PGF_{2\alpha}$（PGFM）显著增加，由基础浓度（30.2±0.7）pg/mL 升至峰值（58.9±1.5）pg/mL，排卵后第 12 天降至（39.3±1.0）pg/mL。PGFM 浓度与未妊娠母驼血清孕酮浓度快速下降相一致，但在维持黄体的妊娠母驼中，PGFM 浓度没有增加。此外，在排卵后 6~20d 每天口服前列腺素合成酶抑制剂甲氯芬酸可延长处理期间的黄体寿命，从而进一步证明 $PGF_{2\alpha}$ 参与黄体溶解。然而，在黄体溶解期间，静脉注射 20IU、50IU 或 100IU 催产素后 3d 内，$PGF_{2\alpha}$ 浓度并没有增加，这说明虽然 $PGF_{2\alpha}$ 在单峰驼黄体溶解中起关键作用，但它的释放可能不受催产素的控制。

（四）骆驼卵泡周期的同步化

开展胚胎移植或人工授精工作时，需要对一群母畜的卵巢周期进行同步化。在牛身上，通过 $PGF_{2\alpha}$ 间隔 11d 注射 2 次的方法实现卵泡周期同步化，也可以通过注射外源性孕酮或孕激素（含或不含 $PGF_{2\alpha}$）进行同期发情。然而，这两种方法都不适用于骆驼，因为骆驼只有在妊娠时才有 CL 存在。然而，当存在成熟卵泡时，通过注射 GnRH 可诱导 CL，如果在排卵后第 5 天或第 6 天注射 $PGF_{2\alpha}$，则会诱导黄体溶解并缩短黄体寿命（从 8d 缩短到 6d）。由于卵泡波间仅缩短 2d，这种方法的实用性有限。对牛广泛应用孕酮阴道栓（PRID）进行同步发情处理，但在骆驼上使用 PRID 不太适合，因为只有 33% 的母驼注射 hCG 或 GnRH 后才排卵。研究发现，每天用 150mg 的孕酮溶于油处理骆驼 14d，会使卵泡大小缩小，但卵泡数量只会有较小减少。这表明，尽管外源性孕酮会加速大卵泡的退化，但对卵泡生长没有完全的抑制作用。对单峰驼的研究发现，比较类固醇激素（雌激素和孕酮）、GnRH、GnRH＋前列腺素（PG）和卵泡消融术对卵泡波动力学的影响，以同步骆驼发情周期。结果表明，间隔 14d 注射 2 次 GnRH，或第 1 次注射 GnRH 后 7d 注射 PG，这种固定时间间隔的处理，是目前使骆驼排卵时间同步的最有效方法。同样，对双峰驼，间隔 14d 注射 2 次 GnRH 进行卵泡波同步，也很有效。

第三节　母驼排卵与黄体形成、退化

一、排卵及排卵控制

（一）排卵

Novoa（1970）研究结果表明，骆驼发情没有周期性。Chen 等（1980）指出，双峰驼母驼具有卵泡周期，卵泡发育在生长和退化中反复循环。从卵泡开始发育（直径约5mm）到退化需要（19.10±4.24）d。卵巢中通常有一个成熟或发育中的卵泡，当未交配时，骆驼的发情期延长，如果交配，那么 30～48h 后排卵。Shalash 和 Nawito（1964）认为，交配、对子宫颈的机械或电刺激以及其他传入刺激均可以引起单峰驼的排卵。San Martin 等（1968）报道，羊驼的排卵是由交配引起的，卵泡在交配刺激后 26h 或静脉注射 hCG 后 24h 排卵。Fernandez Baca、Madden 和 Novoa（1970）指出，在羊驼中，爬跨伴随传入刺激，引起足够的 LH 释放和随后的排卵。Musa 等（1978）的研究表明，单峰驼排卵需要交配的刺激，人工刺激子宫颈并不能诱导排卵。Chen 等（1983）报道，用马用橡胶输精管或长探针刺激子宫颈不能诱导双峰驼排卵。阴道输精确实能诱导排卵，但排卵的骆驼数量很少。结果表明，双峰驼的排卵不是自发的，而是由精清引起排卵，即使精液是在低温下保存。精子不能诱导排卵。公驼精液中似乎含有促排卵因子，肌内注射骆驼精液也能产生类似的排卵。然而，诱导因子的性质和吸收后刺激 LH 释放的机制尚不清楚。阴道或子宫可能是吸收诱导排卵因子的部位，母驼子宫内输精时能够引起排卵。母驼在交配后就能排卵，3～10min 后可从阴道冲洗精液。因此，交配行为可能对精液诱导排卵有一定的促进作用。但母驼个体的反应和特定公驼诱导排卵的能力也存在差异。

骆驼科动物的妊娠大多发生在左侧子宫角。因此，许多人试图通过卵泡活动和两侧子宫的角排卵差异，以及右侧子宫角妊娠的胚胎死亡率高等方面揭示骆驼左侧子宫角妊娠的优势。而现在人们普遍认为两个卵巢之间的活动没有真正的差异，无论排卵发生在左侧还是右侧卵巢，妊娠率都是相似的。尽管双排卵会发生，但记录的双胎发生率仅为0.4%左右。研究认为，骆驼右侧子宫角植入的胚胎发育到2～3cm时死亡，是直接导致双胎率较低的原因。

（二）排卵机制

试验证明，公驼爬跨（不交配）不能引起母驼排卵；机械刺激子宫颈阴道部不能引起母驼排卵；子宫及子宫颈内输精也不能使母驼排卵，只有交配或阴道输精，才能引起母驼排卵。这说明骆驼是阴道受精型动物。研究证明，经过冲洗后的纯精子输入阴道，不引起母驼排卵，只有交配或阴道输精才能引起母驼排卵。这说明，母驼排卵是由于精液中的精清通过交配或输精，进入阴道而引起的。

交配或输精后是否引起排卵，与公驼精液的诱导作用及母驼个体的生理状况有关，排卵率约为86%，输入精液1mL以上，可引起排卵；但输入精液0.5mL则不能引起排卵。精清经过长期冷冻或加热（温度以60～80℃为宜）、加酸（pH为3.5～4）、加碱（pH为11～13），不影响其诱导排卵的功能。阴道输入牛精液可以引起母驼排卵，说明牛精液也有骆驼精液中的促排卵物质，但输入猪和山羊的精液则未能引起母驼排卵。

阴道输入LH及hCG未引起母驼排卵；然而肌内注射LH、hCG或LHRH（促黄体释放激素）均能引起母驼排卵。阴道输入或肌内注射PG，未引起母驼排卵。

通过放射免疫测定骆驼的外周血浆发现，母驼在卵泡发育周期，LH维持低水平，平均为2.7ng/mL；交配或输入公驼精清后4h，LH迅速上升到6.9ng/mL，约为基础水平的2.6倍；到8h已趋下降，输精2d后LH恢复到输精前的水平。

卵泡发育周期中，母驼孕酮处于低水平，平均为0.36ng/mL；排卵后形成黄体时孕酮浓度逐渐上升，到第3天增到1.37ng/mL，第8天高达2.4ng/mL。

在母驼卵泡发育周期中，雌二醇水平平均为26.8pg/mL，到卵泡发育成熟时，平均为30.8pg/mL；输精排卵后，雌二醇水平立即降到19pg/mL，但到第3天又上升到29.8pg/mL；此后，随着孕酮浓度的升高，雌二醇水平直线下降。

上述试验结果看出，公驼精液（精清）输入阴道诱导母驼排卵，可能由阴道深部或子宫内吸收触发LH大量分泌所致，在公驼的精液（精清）中存在一种或几种与母驼排卵密切相关的诱导排卵因子。

（三）排卵控制

控制母驼的卵泡周期，可以在相对较短的繁殖季节内最大限度地提高母驼繁殖效率。现在已经证实，与一个完整的或输精管结扎的公驼交配将诱导母驼排卵，但控制排卵的详细机制还不清楚。在双峰驼中，母驼可以用精液或无精子精清的阴道深部输精或肌内注射精液或精清来诱导排卵。精清经温和加热或酸、碱处理后，这种诱导排卵作用得以保留，但被胰蛋白酶消化可破坏此功能，说明在骆驼精液中存在一种 GnRH 样活性的活性蛋白或多肽。然而在单峰驼中，子宫内注射全精液、精清、水或氯前列烯醇并不能刺激垂体释放足够的 LH 而引起排卵。用手指人工刺激单峰驼的子宫颈 2～15min，也不能诱导排卵；对双峰驼用橡胶输精管刺激子宫颈也不能引起排卵。当骆驼准备进行人工授精或胚胎移植时，与输精管结扎的公驼交配或用骆驼精清输精是不切实际的，不仅有传播疾病的风险，而且很难从公驼身上收集精清，因此必须研究诱导排卵的替代方法。此外，由于过大的未排卵卵泡经常产生，因此，确定卵泡生长和成熟的限度以及何时优势卵泡对这种处理最敏感也很重要。

用 GnRH 或促性腺激素（GTH）诱导母驼不同大小卵泡排卵的方法比较可行。用 20μg 的 GnRH 类似物、乙基酰胺或 hCG 3 000IU 处理母驼，以不同卵泡大小时进行交配做对照。结果表明，当卵泡直径＜9mm 时母驼不排卵，当卵泡直径在 10～19mm 时，排卵率提高到 85％；当卵泡大小增加到 20～29mm，而没有超过 30mm 的卵泡能排卵，没有任何卵泡处于退化期时，排卵率急剧下降至 12.5％。随着卵泡大小的增加，母驼排卵率显著降低。虽然直径达到 10mm 的卵泡才会排卵，但这不是卵泡排卵前的大小，而是卵泡获得排卵能力的大小。据研究表明，当卵泡直径在 13～18mm 时，进行诱导排卵，效果最佳（图 3-16）。

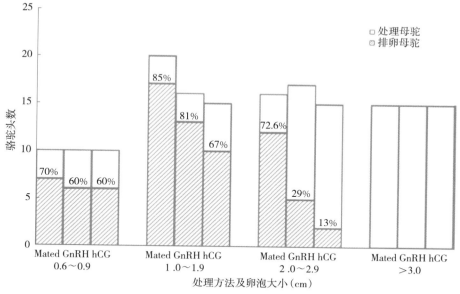

图 3-16　骆驼不同大小卵泡对 3 种诱导排卵处理的反应

（资料来源：Skidmore，2000）

二、黄体形成和溶解

（一）黄体的形成

骆驼只有在排卵后，才会形成黄体。排卵后卵泡呈塌陷的椭圆形结构，外有回声层，中央无回声腔但有回声索。第1天（第0天为排卵当天）生长 CL 的平均直径为（13.05±2.09）mm，第7天达到最大直径（22.55±3.24）mm（完全发育的 CL，图 3-17），第10天开始退化，直径为（12.27±3.82）mm。第3天时血清 P4 浓度上升到（1.14±1.01）ng/mL，第7天达到峰值浓度（4.60±2.57）ng/mL，第10天下降至（0.51±0.25）ng/mL。

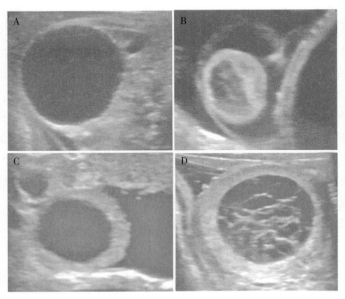

图 3-17　单峰驼黄体发育图像

A. hCG 处理期优势卵泡（$\varphi=17$mm）　　B. 第0天排卵卵泡

C. 第3天的生长黄体　　D. 第7天的完全生长黄体

（资料来源：Manjunatha，2012）

　　在 CL 形成和退化期间，CL 大小与 P4 浓度呈正相关（图 3-18）。在没有 CL 或存在诱导 CL 的情况下，从 DF 出现在卵泡波中到 DF 几乎失去主导地位并允许出现下一个卵泡波的当天，DF 的主要特征如表 3-2 所示。在没有 CL 或存在诱导 CL 时，DF 的生长持续期和成熟期没有差异。如图 3-19 所示，在没有 CL 或存在诱导 CL 的情况下，DF 的线性增长率不受诱导 CL 的影响。DF 在成熟期的最大尺寸和波内间隔（IWI）在没有 CL 或有诱导 CL 的情况下相似。单峰驼诱导排卵后出现的 DF 生长波与诱导 CL 分泌的 P4 浓度的关系如图 3-20 所示。从 hCG 处理到排卵间隔32h。

　　两个卵泡同时排出后都形成黄体，原来的卵泡开始形成小的扁圆形黄体，起初柔软，以后稍变硬。黄体形状为圆形或长圆形，有些是扁的，其大部分突出于卵巢表面，和卵巢之间有清楚的界线。因所含黄素较多，黄体呈淡黄色。从排卵到黄体发育至最大所需天数平均为7.3（5～10）d。周期黄体的最大直径为15（11～23）mm，达到最大直径约维持3d。这时血中促黄体素的峰值约为基础水平的2倍，孕酮的峰值约为基础水平的10倍。黄体开始萎缩是在排卵后平均10.55（10～12）d。黄体萎缩后质地硬而缺乏弹性，老黄体为棕黄色而略带暗绿。母驼正常卵泡在左侧卵巢上发育者占52.3%，右侧卵巢占47.6%，因而左侧卵巢的机能较强。

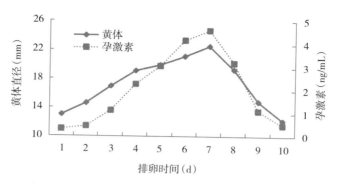

图 3-18　单峰驼黄体直径与孕激素浓度间的正相关性

（资料来源：Manjunatha，2012）

表 3-2　有或无诱导黄体时单峰驼优势卵泡的特征

项目	无黄体（$n=8$ DFs）	有黄体（$n=8$ DFs）	P 值
生长期持续时间（d）	6.00±0.57	6.17±0.31	0.804
成熟期持续时间（d）	11.33±1.43	11.17±1.17	0.930
卵泡波第 0 天和第 10 天之间的线性增长率（mm/d）	1.16±0.04	1.13±0.03	0.684
最大尺寸（mm）	27.67±2.33	27.08±1.93	0.830
卵泡波间隔（d）	17.17±0.95	17.33±1.26	0.918

注：P 值代表黄体存在与否的比较，未发现差异。

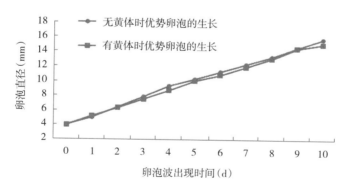

图 3-19　单峰驼卵泡波第 0～10 天优势卵泡线性生长曲线

（资料来源：Manjunatha，2012）

　　由于黄体的形状、大小、质地与卵泡十分相似，如不系统地进行直肠检查或试情，除体积大于卵泡的妊娠黄体以外，很难把周期黄体和卵泡区别开来（图 3-21）。排卵后平均（5.13±2.0）d，母驼开始拒配。拒配的表现是在公驼接近时母驼站起，然后向上卷尾，撑开后腿并排尿。

（二）黄体的溶解

　　黄体在排卵后几天内发育达到稳定期，如母驼未妊娠，排卵后 2～10d 又有新卵泡开始出现。新卵泡开始出现，发生在黄体开始萎缩之前平均（5.25±2.66）d。黄

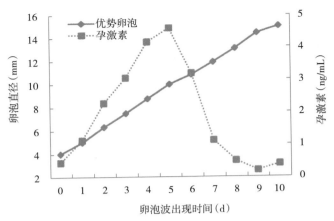

图 3-20 单峰驼优势卵泡的生长曲线

（资料来源：Manjunatha，2012）

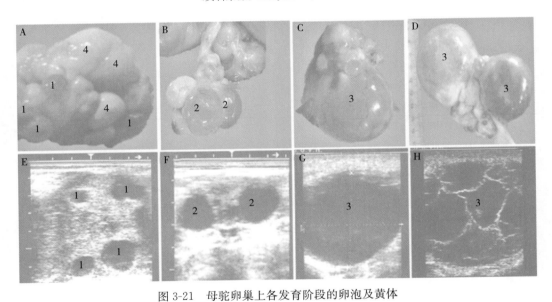

图 3-21 母驼卵巢上各发育阶段的卵泡及黄体

A. 生长卵泡，直径<1cm 和退化的黄体 B. 成熟卵泡，直径 1~2cm C、D. 超大卵泡，直径>2cm

E、F. 超声波同质低回声薄壁的 GF 和 MF G. 低回声薄壁的超大卵泡 H. 异质纤维化的超大卵泡

1. 生长卵泡 2. 成熟卵泡 3. 超大卵泡 4. 退化黄体

（资料来源：Ali，2020）

体萎缩后，新卵泡迅速发育。排卵后多在 10~12d，平均（10.5±2.07）d，母驼再次发情，接受交配。因此，排卵后拒配的天数平均为（5.71±2.89）d。内分泌学和临床研究表明，骆驼的黄体发育较慢；在子宫内没有孕体的情况下，黄体将早期退化。配种后 4~5d 的超声检查和配种后 8~10d 的直肠触诊均可发现 CL。在交配后的第 8~9 天，CL 往往达到最大尺寸，如果母驼没有妊娠，CL 在第 9~10 天退化。骆驼 CL 寿命相对较短，这意味着第 7 天或第 8 天胚胎发出妊娠信号的识别，或抗黄体溶解信号传递给母体子宫内膜，这样母驼才能维持 CL，从而保持妊娠，这比其他物种要早发生。

反刍动物、猪、马和其他大型哺乳动物的黄体溶解是由 $PGF_{2\alpha}$ 的释放引起。目前，在绵羊和牛的研究表明，CL 中的孕酮和发育卵泡中的雌二醇作用于子宫内膜，控制子宫内膜催产素受体的发育和敏感性。在反刍动物中，催产素主要来自 CL，但也可来自垂体，然后与其子宫内膜受体相互作用，刺激 $PGF_{2\alpha}$ 的分泌而溶解黄体。

对单峰驼的研究表明，在排卵第 8～10 天 $PGF_{2\alpha}$ 的基础浓度显著增加，这与血清孕酮水平下降密切相关，由此表明黄体溶解正在发生。$PGF_{2\alpha}$ 和孕酮浓度在第 12d 时恢复到基础水平。甲氯芬那酸是一种前列腺素合成酶抑制剂，其抑制作用进一步证明了 $PGF_{2\alpha}$ 参与了单峰驼的黄体溶解。从第 6 天开始服用时，它可以防止黄体溶解，从而维持 CL。在绵羊、牛和马中，在预期的黄体溶解时间前后注射催产素可促进子宫内膜分泌 $PGF_{2\alpha}$。相比之下，在骆驼排卵后第 10 天注射等剂量的催产素，并不能明显增加 $PGF_{2\alpha}$ 浓度。这可能是由于骆驼子宫内膜上皮中催产素受体完全缺失或数量非常少所致。这些结果表明 $PGF_{2\alpha}$ 在黄体溶解中起重要作用，但没有研究表明其释放受催产素的控制。

三、黄体期卵泡活动

卵泡的活动甚至在 CL 存在的情况下也会继续。在交配过的骆驼中，一个新的卵泡波在排卵后 4～6d 开始发育，并在 CL 退化后发育为成熟卵泡。这些新的优势卵泡在带有 CL 的卵巢或对侧卵巢上均可出现，且出现时间与 GnRH 或 hCG 处理诱导母驼排卵的时间相一致。因此，排卵未妊娠母驼的卵泡波内时间间隔平均为 13～14d。在双峰驼中，新的卵泡波在排卵后 4～6d 时开始发育，并在 CL 退化后产生成熟卵泡。

第四节　母驼发情鉴定

一、试情

试情须于清晨或归牧后进行，不可于放牧前进行，否则发情母驼急于随群出圈，不愿耐心等待公驼爬跨，因而试情结果就不准确。发情母驼喜欢接近公驼，放牧时可随群观察。

试情方法是先让母驼卧下，然后由其后方慢慢牵引公驼爬跨。母驼面前不可放草料，也不可抓紧鼻绳，否则老弱母驼，尤其是骑驼，即使不发情，公驼接近时可能也不会站立。

公驼接近时，发情母驼安静卧下，不发情者迅速站起。对欲起而又不起，并回头喷公驼的母驼，须让公驼实际爬跨，才能确诊。

公驼的反应在判断试情结果上也有一定的参考价值。一般来说，公驼不会爬跨未发情的母驼，有时甚至强行让其爬跨也较困难。

二、直肠检查

直肠检查可以准确地判断母驼卵泡的发育程度。

骆驼的肛门及直肠收缩不紧，直肠壶腹极少扩大成空桶状，肠壁也较薄，且冬季无软粪干扰，故直肠检查很方便。直肠黏膜也不像牛的那样松软，所以极少出血。因此，骆驼的直肠检查方便易行。

（一）母驼的保定

母驼卧地保定。最初几次检查，尤其是年幼母驼，可能遇到抗拒骚动。为了使母驼镇定，可给予草料进行安抚。为免母驼突然起立，将其后肢在系部用绳套捆紧，绳的一端绕过背部，经两驼峰之间绕到对侧的前肢，在膝关节处捆绑数圈后，再绕过颈部，按同样的方法捆紧另一侧的前肢。因骆驼向侧面及向后面攻击的范围极大，不可在骆驼站立的情况下对其进行直肠检查。即使可以对性情温驯的母驼进行站立体位的检查，但触诊左侧卵巢时须将手向下向后弯曲，操作难度较大。

（二）注意事项

骆驼的生殖器官在解剖学上与马、牛有许多不同，直肠检查时须注意如下事项：①母驼左侧子宫角比右侧子宫角长，且左侧子宫阔韧带也比右侧的宽大，左侧子宫角的活动范围因而也很大。在左侧子宫阔韧带剧烈收缩，向下向后弯曲时，韧带的前部也随之向下后方折叠，形成一个皱襞。皱襞是从骨盆入口侧壁中部，达到子宫体与子宫颈交界处。随着子宫角的剧烈收缩，卵巢被拉入皱襞之下的凹陷内；加之卵巢有一个长蒂，位置不固定。因此，左侧卵巢的活动范围很大，须仔细寻找。但右侧卵巢的活动范围很小，容易找到。②注意区分子宫和膀胱，无尿液或有少量尿液时是摸不到膀胱的，只有当膀胱充满尿液而胀大时，由于左侧阔韧带较右侧的宽，所以子宫必然要偏于膀胱的上右方。胀大的膀胱为纵椭圆形，轮廓清楚，位置固定，膀胱壁粗糙不光滑，其紧张程度视充尿程度而定。膀胱膨胀很大时，可将左侧阔韧带及卵巢顶起，这时很容易找到左侧卵巢；如充尿不多，仅稍胀大，则不但不能将左韧带及卵巢顶起，而且还会使左韧带下的凹陷增大，反而给寻找左侧卵巢增加了困难。③小结肠（内含粪球）一般是在子宫之前的左侧，但有时被挤入骨盆腔内，盖在子宫上。这时须将手沿骨盆侧壁向下向中线滑，才能把它们分开来，找到子宫。④左肾位于骨盆顶之前、中线左侧，长圆形，大而硬，有可能被误认为是第一胃，仔细触诊才能感觉到。

（三）检查方法

骆驼直肠检查与马、牛的主要区别包括：①母驼的肛门较小，手臂须充分涂抹润滑剂，否则上臂通过肛门时可因干燥而引起母驼骚动。②在盆腔底部可以摸到子宫，子宫角的形状通常呈羊角状，两子宫角分岔处明显，容易摸到。子宫颈在直肠检查时不易摸到。有时子宫十分松软，无法摸到。这时另一只手可捏阴蒂，诱使子宫收缩变硬，以便触摸。这在一定程度上还可减弱肠道的收缩。③寻找左侧卵巢时，先用手捏住左侧子宫角，向其尖端滑。脱离尖端后，广泛触摸周围的组织，可以找到左侧卵巢。如果左侧卵巢被拉至左侧阔韧带之下的凹陷内深处，须将手指向下向后掏，或沿左侧子宫角尖端把阔韧带向前拉，才能找到侧卵巢。④寻找右侧卵巢时，手指滑过右侧子宫角尖端后，向其右侧抓起一把组织，往往即可摸到右侧卵巢。有时右侧子宫角稍向下向后弯曲，右侧阔韧带折成一个小的皱襞，右侧卵巢位于其下。这时只要隔着皱襞向前压迫卵巢，即可将它挤出。找到卵巢后，用中指和无名指夹住卵巢蒂，用拇指和食指触诊。阔韧带收缩强烈，如不夹紧，卵巢可被拉走。有时卵巢位于卵巢囊内，其感觉是卵巢外包着一层膜，这时须把卵巢挤出，才能进行触诊。卵泡壁很薄，触诊时不可用力，以免捏破。

第四章

CHAPTER 4

母驼的妊娠及分娩

骆驼妊娠期要比其他家畜长，将近13个月。通过妊娠诊断发现未妊娠的母驼，可尽早再次配种，或对生殖道异常的母驼尽早治疗。已确认妊娠的母驼要加强饲养管理，满足其妊娠需求。根据所使用的方法，可以在交配后2周内进行第1次妊娠诊断。然而，流产在驼科动物中很常见，而且并不是所有在早期检查中被诊断为妊娠的母驼都会产下活的驼羔。在妊娠前60d，10%～50%的母驼会发生妊娠丢失。因此，建议在交配后60d进行第2次妊娠诊断，以确认妊娠状态，并使那些经历妊娠丢失的母驼迅速进入下一个配种期。妊娠丢失在妊娠后期较少见，但仍有3%～17%的母驼可能会发生。因此，建议在妊娠的最后3个月内进行第3次检查。尽管妊娠诊断为阳性，只要母驼对公驼表现出接受性，就应对其进行检查。

第一节 母驼的妊娠

一、胎膜与胎盘

(一) 胎膜

骆驼胎膜中的表皮膜为骆驼独有（图4-1）。早期胚胎胎膜的发育从囊胚期至胎膜附着于子宫，无明显特征。在妊娠70～90d，绒毛膜的表面会布满许多半圆形、半球形的突起，这些突起进入子宫黏膜中相应的凹陷处。放大20倍时，圆顶状胎盘表面可见毛细血管网，附着较薄，绒毛膜可从黏膜上剥离，无阻力。在这个阶段，胚胎被包裹在羊膜囊内，羊膜囊游离在尿囊绒膜内，通过脐带和血管附着在尿囊上。这种关系一直维持到妊娠的最后2个月。

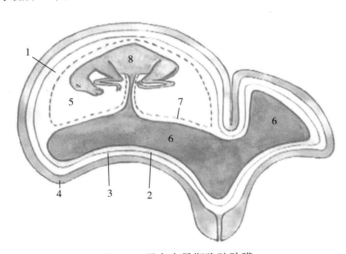

图4-1　子宫内早期骆驼胎膜

1. 羊膜　2. 尿膜　3. 绒毛膜　4. 子宫内膜　5. 羊水　6. 尿液　7. 羊膜尿膜　8. 胎儿

（资料来源：Mohammed，2008）

1. 卵黄囊 Shagaev 和 Baptidanova（1976）在单峰驼妊娠22～24d 找到了卵黄囊，

妊娠27~28d 找到了卵黄囊胎盘，并推测卵黄囊胎盘在很长一段时间内继续发挥功能。然而，Skidmore 等（1996）发现，单峰驼妊娠第 56 天仅有一小部分卵黄囊残余。Morton（1961）研究了 3 种骆驼科动物（单峰骆驼、双峰驼和羊驼）的胎膜，在脐带羊膜覆盖处发现高度血管化的小卵黄囊的残余。

2. 羊膜 Morton（1961）指出，骆驼的一部分羊膜黏附在绒毛膜上形成羊膜绒毛膜，另一部分黏附在尿膜上形成羊膜尿膜，尿囊羊膜在脐部附近微血管化羊膜囊的形状和其他家畜不同，呈很长的梭状，从孕角尖端直达子宫内口。羊膜色白、透明（图4-2）。在韧带远端及其周围，羊膜的表面上有许多黄白色上皮结节，最大的如黄豆，最小的如针尖，有时连成一片。脐带远端脐血管分岔处的羊膜上散落有排列整齐的细小血管，呈芭蕉叶脉状。羊水淡白色，浓稠，700~900mL。有时内有胎粪。

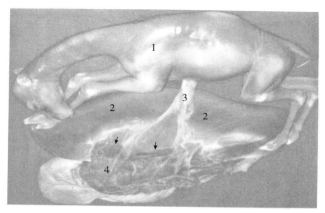

图 4-2　胎囊及脐带
1. 胎儿　2. 尿膜囊　3. 脐带　4. 羊膜
注：箭头指向尿膜羊膜与绒毛膜的结合区，此区域在妊娠晚期被羊膜和脐带覆盖
（资料来源：Mohammed，2008）

3. 尿膜 Morton（1961）将骆驼的尿囊描述为一个扩张的囊，其将羊膜几乎完全与绒毛膜囊的小角和小弯曲分开。尿囊小体由大量变性细胞、少量巨细胞、染色良好的核团、完整的小上皮细胞群和由一层纤维蛋白物质结合在一起的几个小囊肿组成。骆驼尿膜囊和羊膜囊及绒毛膜囊的关系，基本上和牛、羊的相同。从脐带所在处做的胎膜囊横切面见图 4-3。胎膜上的血管主干沿靠近胎膜囊小弯的一条组织较厚的地方而行，分支于尿膜绒毛膜上。子宫体内的羊膜囊覆盖于尿膜囊之上，直抵子宫内口，因而产出期绒毛膜破裂以后，总是羊膜囊进入阴道并露出阴门之外，而尿膜囊不会露出。Fowler 和 Olander（1990）在美洲驼中发现，尿囊中有一个或两个大小不等的尿囊小体。Whitwell 和 Jeffcott（1975）发现，马和其他哺乳动物的尿囊小体是漂浮在羊水中的纤维弹性物体。尿水为暗棕色，一般为 6 500~11 500mL，个别骆驼的可多至15 000 mL，或少至 2 500mL。

4. 绒毛膜 骆驼绒毛膜囊及胎盘构造和马、猪的基本相同，均为弥散型或上皮绒毛膜型胎盘。膜的外面遍布红色绒毛，靠近胎儿的膜上，绒毛大而密，呈深红色。囊的两端绒毛小而稀疏，色淡，没有坏死端。单峰驼绒毛膜的上皮通常为立方形，但在

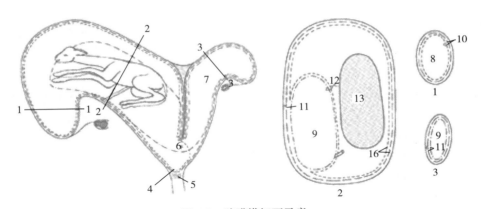

图 4-3 胎膜横切面示意

1、2、3. 横截面　4. 羊膜绒毛膜裂开　5. 子宫颈　6. 子宫体　7. 未孕子宫角
8. 羊膜囊　9. 尿膜囊　10. 羊膜绒毛膜　11. 尿膜绒毛膜　12. 羊膜尿膜　13. 被表皮包围的胎儿

某些区域也存在其他具有空泡状细胞质的圆柱形细胞。Van Lennep（1963）报道，在单峰驼妊娠期的第二阶段，极其复杂的绒毛分支通常与三种类型的滋养层细胞（立方形细胞、高柱状细胞和巨细胞）有关，但也可见中间型细胞。

5. 表皮膜　虽然非骆驼科哺乳动物的胎儿在羊水中自由漂浮，但骆驼科动物的胎儿外存在一层额外的膜，将胎儿与羊水分开，这层膜叫表皮膜（图 4-4）。Fowler（1998）指出，骆驼有一层特殊的膜（第四层或表皮膜），它附着在胎儿的黏膜皮肤连接处和足部，由鳞状上皮组成。这种膜认为是来自胎儿表皮，但其功能尚未知晓。Fowler 和 Olander（1990）报道，足月新生的美洲驼，表皮膜呈不透明的白色，厚 1～2mm，覆盖全身。在单峰驼中也有类似的报道。表皮膜不覆盖胎儿的鼻孔或口腔，因此，即便不立即从新生驼羔身上撕下表皮膜，也不会造成新生驼羔的窒息。这与羊膜形成鲜明对比，在大多数哺乳动物中，羊膜可能完全包裹胎儿鼻子和嘴，导致体弱新

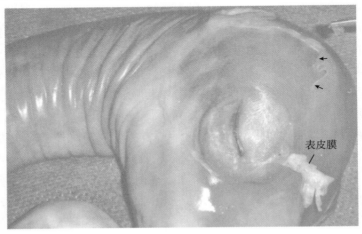

图 4-4　妊娠晚期胎儿头部覆盖的表皮膜

注：箭头指向头部覆盖的表皮膜

（资料来源：Mohammed，2008）

生儿的窒息。Merkt（1988）指出，美洲驼的表皮膜有助于分娩，新生驼羔自己也可以撕掉表皮膜，因为母驼不会舔它们的驼羔。表皮膜的发育始于妊娠中期，直到妊娠第四阶段才明显可见。Musa（1977）指出，在单峰驼的妊娠前3个月表皮膜就发育，这是在体长41cm的胎儿中首次观察到的。Salman（1991，2001）在体长24cm胎儿上也观察到，表皮膜保留在胎儿表面，直到毛发开始出现，然后毛发将表皮膜推离皮肤。与足月胎儿相比，早产胎儿的表皮膜更厚、更结实。此外，足月胎儿的表皮膜易碎，稍有摩擦，很容易从皮肤表面翻转或刷掉。

表皮膜呈淡米黄色透明膜，构成一个和胎儿体表完全一致的套子，包着胎儿的头颈躯干，并有耳套、尾套及四肢套，套子里有少量的透明液体（图4-5）。在胎儿的口、鼻孔、肛门孔、阴门裂、包皮孔及乳头孔周围，表皮膜粘在皮肤与黏膜的交界处，此外还粘在脐孔和蹄垫周围。但是足月胎儿，在鼻孔、肛门孔、阴门裂及包皮孔上，有的膜和孔脱离了联系。

图4-5　鼻孔、嘴唇、脚垫、指甲及耳隆上覆盖的表皮膜

根据对流产胎儿的观察，妊娠中期流产、毛尚未生出的胎儿，没有表皮膜。11个月流产的胎儿，膜在有毛处已和皮肤分开，在乳头、尾尖等无毛处，膜还粘在皮肤上，但能够剥离。因此，可分析出表皮膜是由皮肤表面衍生出来的。

6. 脐带　由脐孔至脐尿管开口处，长27～32cm，但也有长至45cm及短至12cm的。脐带因为较短，胎儿出生时一般被自然扯断。脐带远端的羊膜上有时有黑灰色斑，有时整个脐带上的羊膜为淡灰色或黑灰色。脐带内的血管有动脉、静脉各两条。脐带的远端位于孕角胎囊小弯的中部，在这里，动、静脉的主干分向胎囊两端。两条脐静脉在进入脐孔后1～2cm，才合为一条；和牛、羊相同，脐动脉和脐孔处组织关系不紧，脐带断后，断端缩入腹腔内，膀胱尖端周围的腹膜外发生少量溢血。脐尿管壁厚，呈细管状，在脐带远端开口入尿膜囊。

（二）胎盘

Morton（1961）指出，单峰驼的胎盘部分由尿囊和绒毛膜融合形成尿囊绒毛膜胎盘，部分由绒毛膜和羊膜融合形成绒毛膜羊膜胎盘。所以，单峰驼的胎盘是上皮绒毛型胎盘，类似于母马和母猪的胎盘。Noden和De-Lahunta（1985）认为胎盘的主要功能是选择性的调节胎儿与母亲之间的生理交换，在妊娠期也可能是重要的内分泌器官。胎盘，特别是胎儿部分，起着屏障的作用，防止胎儿血液与母体血液混合。在与子宫黏膜并置之前，发育中的哺乳动物胚胎从子宫乳中获得必需的代谢底物。这种液体被称为组织滋养液，是子宫黏膜腺的分泌产物。组织滋养液含有低分子量的代谢物、脂肪和糖原。在胎盘形成后，组织滋养液由造血营养物补充，其中必需的代谢物由母体循环系统提供。Turner（1975）和 Amoroso（1952）注意到骆驼胎盘的弥漫性。Amoroso（1952）认为骆驼的胎盘类似与猪的上皮绒毛膜胎盘，Fowler 和 Olander（1990）在骆驼科动物中证实了这一观点。Fowler（1998）提到骆驼科动物的胎盘很薄，完全被绒毛覆盖，子叶不存在。Morton（1961）指出，单峰驼的胎盘很厚，被短灌木状卷须或绒毛覆盖，有时在此会发生动、静脉连接。靠近大角的反子宫系膜和靠近小弯的区域，相对缺乏绒毛簇。在某些区域，相对较小的毛簇被较大的毛簇包围。在远端，每个绒毛簇的表面折叠成许多褶皱，并且不形成指状绒毛。Skidmore 等（1996）指出，妊娠 14d 的单峰驼滋养层靠近子宫上皮；在妊娠第 25 天，滋养层变得越来越高，尿囊血管明显侵入；第 35 天多核细胞出现，被称为巨细胞。巨细胞位于子宫内膜腺口的对面，源于滋养细胞的融合。在妊娠期第二阶段，滋养层没有明显的变化。在之后的妊娠期，多核巨细胞存在，绒毛膜绒毛变得分支化。此外，绒毛膜和子宫内膜都有非常密集的上皮内和上皮下毛细血管网。这使胎儿和母体毛细血管之间的接触非常密切。Morton（1961）认为，单峰驼绒毛膜的滋养细胞主要由无核细胞组成，其中有大量间隔不规则的多核滋养层巨细胞。双核和单核滋养层巨细胞存在于单峰驼绒毛膜。这些巨细胞在羊驼绒毛膜中没有被发现。Skidmore 等（1996）认为，单峰驼绒毛膜中的巨细胞不同于反刍动物的巨细胞。Nathanielsz（1980）发现，毛细血管深入滋养细胞，这使母子循环间只相距 2μm。骆驼科动物滋养层内形成的大量血管，有益于高海拔地区骆驼胎儿的发育。

二、母驼妊娠识别

母驼妊娠识别（MRP）发生在排卵后第 10 天之前，并且与伸长的胚胎向左侧子宫角的迁移相吻合，而骆驼胚胎着床总是发生在左侧子宫角。在哺乳动物中，妊娠的建立和维持需要胚胎因素，这些因素将阻止黄体溶解，并为子宫内膜着床做准备。在反刍动物中，许多子宫内膜基因的表达由卵巢孕酮（P4）诱导，然后由干扰素（IFNT）、前列腺素和皮质醇刺激，后者由胚胎或子宫内膜产生。在骆驼科动物中，MRP 的胚胎信号为雌二醇-17β，而不是牛和绵羊的 INFT。在妊娠期间，外周血中的雌激素浓度增加到 100pg/mL。此外，芳香化酶是一种将胆固醇转化为雌激素的关键类固醇生成酶。据最新报道，骆驼胚胎附着（第 8～10 天）前后，在两个子宫角中，ER 和孕酮受体（PR）以及 PTGS2（曾称为 COX-2）的表达水平相似，而催产素受体（OTR）的表达在右侧子宫角更高。骆驼科动物的最新研究数据显示，缺乏关于在妊娠初期子宫内膜对胚胎反应的分子机制研究。此外，关于左侧子宫角系统性妊娠是否与特定基因模式相关的研究鲜有报道。据 Ahmed（2017）报道，胚胎附着于妊娠子宫角的干扰素反应无关；胎儿胎盘的发育过程受干扰素刺激基因（ISG）的调节；附着阶段，左、右侧子宫角的一些基因表达不同。这提示需要进一步研究母驼发情和妊娠期胚胎附着和刚形成胎盘的基因表达，以便阐明母驼左侧子宫角妊娠建立和妊娠进展的分子机制。在单峰驼中，附着发生在妊娠 30d。

三、母驼妊娠期

在家畜中，与牛、马等家畜相比较骆驼的妊娠期是最长的，但关于骆驼妊娠期的报道不尽相同。单峰驼的妊娠期为 315～440d，通常描述为 12～13 个月。尽管最新的研究表明，妊娠期在 354～407d 的变化比较适度，变异系数为 2.48%（图 4-6）。然而，有关不同因素对妊娠期的影响报道比较有限，且不一致。母羔的妊娠期平均为 400d，公羔为 405d，二者相差 5d。Sharma 和 Vyas（1971）指出，公羔和母羔初生重影响母驼妊娠期。据 Chen 和 Yuen（1984a）报道，双峰驼妊娠期为（402.2±11.5）d。由于母驼妊娠期长，而且驼羔哺乳期长达 14～15 个月，因而母驼只能是 2 年 1 胎。个别膘情好的母驼，产后半个月左右有可能发情，并接受公驼交配而受胎，实现 3 年 2 胎，但是这对母驼泌乳、驼羔哺乳及孕期中的胎儿发育均不利，对没有补饲条件、终年靠放牧的荒漠地区的驼群而言，不值得提倡。骆驼排双卵是常见的，发生率为 14%。但双胎分娩是罕见的，仅有 0.4% 的可能性。约 99% 的妊娠位于左侧子宫角，这是因为左侧子宫角较长，有利于胎盘附着发育以及胚胎迁移。另外，胚胎最初在两个子宫角中发育，但右侧子宫角中的胚胎长度达到 2～3cm 时会发生死亡，因而在骆驼中少有双胎的记录。胚胎生长是线性模式，从妊娠早期开始，后肢前置占 54%～66%。关于胚泡迁移的研究在该物种研究中缺失。

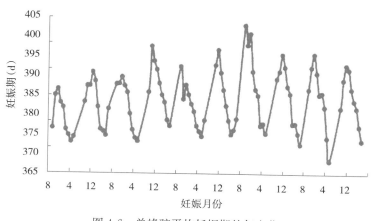

图 4-6　单峰驼平均妊娠期的年变化

（资料来源：Nagy，2019）

四、妊娠母驼的生理变化

（一）体重和膘情变化

母驼妊娠后不久，食欲增加，膘情改善，被毛变得有光泽，至青草长出后，肥度明显增加。妊娠后半期，母驼腹部逐渐增大，行动稳重，不急剧跑跳，右腹壁的突出没有左腹壁明显，这可能和骆驼的瘤胃较小有关（图 4-7）。妊娠 11 个月时，母驼乳房开始增大，至妊娠末期，一般在右下腹部可以摸到胎儿，有时在左下腹部也可摸到。这些情况和其他家畜基本相同。

图 4-7　妊娠母驼膘情——被毛光泽度及腹围变化

妊娠中期母驼换毛以后，被毛、嗉毛及肘毛比空怀母驼长得快。此外，阴唇（有时包括肛门）及其周围的皮肤上遍生光洁短毛，和四周的长毛之间，形成一个十分明显的界线。这一界线呈竖椭圆形，将阴门和肛门包围。根据这一现象进行妊娠诊断，有一定的准确性。但有个体间的差异，而且如不经常进行观察，也不容易识别这种变化。一般认为，母驼妊娠 1 个多月，阴唇开始肿胀。根据系统观察，阴唇是逐渐肿大的，变化并不明显，没有诊断的价值。

母驼妊娠后的明显表现是拒配。排卵后 2～8d 开始拒配，最初是在公驼接近时，孕驼站起（极个别的乏弱母驼或骑驼不站起），没有其他表现，这种现象维持仅1～5d。以后除站起外，还把尾巴抬高，尾向上卷（有时颤动）或卷尾并叉开后腿排尿。这些现象并不都是同时出现，而是彼此交错发生。站起、卷尾并叉腿排尿开始一起出现的时间多在排卵后 7～21d，个别母驼在 4d。骑乘母驼时，也会出现上述现象，刚骑上时母驼还会排尿。白天人走近时，有时母驼也会出现上述现象。

此外，牵引公驼爬跨孕驼时，公驼表现冷淡。将孕驼牵向公驼时，不愿走，也不愿卧下。但有大约 1/3 的孕驼，在刚开始拒配之后，还有 1～5d 接受交配。这可能是过渡阶段的一种表现。母驼妊娠后虽然本身拒配，但有的公驼会爬跨发情母驼。未受精时，在黄体的影响下，也会出现上述拒配现象，但维持的时间不超过配种后 12～14d。因此，根据是否拒配来进行妊娠诊断，须于配种半个月以后进行。

（二）生殖器官的变化

母驼妊娠后，卵巢、子宫及子宫后动脉均发生明显变化，且具有与马、牛不同的特点。

1. 卵巢　母驼妊娠后，周期黄体即成为妊娠黄体。妊娠黄体的形状、质地及其与卵巢的联系和周期黄体相同，仅形状为长圆形者比圆形的多。妊娠黄体的体积比周期黄体大得多，直径（长径）为 1.8～3.5cm。母驼发情时，两个卵泡同时发育的情况较多（14%），妊娠后卵巢上有 2 个黄体的也较多。但母驼生双胎者极为罕见，因此，排双卵的母驼在妊娠后必然有一个胚胎发生早期死亡。

除了妊娠黄体以外，大多数母驼（92%）在妊娠初期卵巢上还会出现一种泡状构造，数量常为 1 个，有时为 2 个，位于黄体同侧或对侧的卵巢上，一般可发育至直径为 1～1.5cm，存在 0.5～1.5 个月。因为未经剖检，不能确定该结构是卵泡还是小黄体。

2. 子宫　骆驼胎儿几乎都在左侧子宫角，但在妊娠 2～4 个月时，少数母驼有时左侧子宫角较为粗大，有时则右侧子宫角较大。妊娠 4 个月后，无法同时摸到两个子宫角的整个轮廓，因而须通过剖检来确定是否仍有变化。一般情况下，正常卵泡发生于右侧卵巢者占 47.6%。由于孕角几乎为左侧子宫角，所以受精卵由右侧子宫角迁移至左侧子宫角的比例很高。根据检查结果，这种迁移可达 45%。这是骆驼繁殖上的又一特点。母驼妊娠时子宫颈管紧闭，内有少量黏液（子宫栓）。

3. 阴道　母驼妊娠后，即使至临产前，阴道内黏液仍很少，和牛、马不同。因为阴道的变化很不明显，而且阴门小，手伸入时母驼抗拒强烈，故阴道检查不适用于妊娠诊断。

4. 子宫后动脉　母驼没有子宫中动脉，妊娠后，子宫后动脉的变化和牛、马相同，不但逐渐变粗，两侧动脉的粗细出现差别，而且至一定时间会出现妊娠脉搏。

五、母驼的妊娠诊断

在有效管理骆驼群的过程中，必须在交配后尽快准确地诊断出妊娠情况，如果骆驼没有妊娠，就可以对其进行再交配、再授精或重新进行胚胎移植。有几种方法可用于诊断妊娠，但无论使用何种方法，一次妊娠诊断都不足以保证分娩，尤其是在早期（即交配后 40～50d 之前）进行的诊断。骆驼早期胚胎丢失的发生率很高。因此，应在妊娠 3～4 个月时进行进一步检查，以确保胎儿正在发育。正常情况下除试情以外，直肠检查、血液孕酮检测、化学检测法（铜反应和氯化钡试验）等都是比较可靠的妊娠诊断方法。

（一）临床检查法

1. 试情法　当母驼接近公驼时，母驼会伸出尾巴或将尾巴向上翘起（图 4-8），这就证明母驼已妊娠。确切的诊断还需要直肠触诊或超声波检查。一些贝都因人称，最早可在母驼妊娠 15d 通过观察公驼接近妊娠母驼时，母驼直立卷曲的尾巴，可以发现骆驼妊娠。但是，在用外源性孕酮处理的未交配母驼，或可能被公驼惊吓的年轻母驼中也会出现上述反应，在实践中需要注意区分。

2. 直肠触诊法　骆驼站立时，不能对母驼生殖器官进行直肠触诊。因此，需要保定母驼，兽医师跪于母驼身体后进行直肠检查。母驼与母牛不同，不易通过直肠检查识别子宫颈。但骆驼发情时，子宫的紧张性与牛近似，故仍可识别。在多数情况下，

图 4-8　母驼妊娠 20d 时的行为

发现子宫在骨盆上口，多半在腹腔中，但部分在骨盆腔中的子宫体与子宫角形成 T 形，右侧子宫角往往比左侧子宫角短。找到子宫间韧带后，稍微后退，便可触及子宫角基部至顶端，确定其长、宽和质地，辨别子宫角间的差异。偶尔也能辨认输卵管的尾部。触摸卵巢是重要的检查项目，但卵巢往往难以发现，其常常藏在子宫下，若不将子宫回抽，从一侧翻动到另一侧，会找不到卵巢。右侧卵巢往往比左侧卵巢容易发现。一般可用拇指与其他指捏住各卵巢，以确定其大小、形状、大卵泡内含物、黄体。做妊娠检查时，应特别注意子宫位置，以及两个子宫角的相对大小。如果子宫角肿大，则应检查其宽度，判断是否有胎儿。妊娠时，在一侧或两侧卵巢中往往有一个黄体，而卵巢位置则随妊娠期而异。

母驼妊娠至一定时间，还要触诊其子宫后动脉（图 4-9）。具体方法是将手掌贴着骨盆顶向前伸，在岬部之前 6～12cm，摸到腹主动脉的最后分叉，即两条髂内动脉。髂内动脉沿骨盆侧壁向后并稍向下方行。其第一个分支为脐动脉（直肠检查时可摸到），以后又分出臀前动脉。小的肌肉支及闭孔动脉（摸不到）至岬部之后约 8cm，距荐中线 5～7cm 处分为两支。上支为臀后动脉（其起点粗约 3mm，直肠检查时可摸到，以后的部分穿入荐坐韧带）；下支为尿道生殖动脉，其起点粗 5～6mm，先和臀后动脉并行向后，不久即弯向下。它向下达到阴道，然后向前沿阴道、子宫颈及子宫体两旁及子宫角小弯蜿蜒前行，分布于这些器官上的是子宫的主要动脉。尿道生殖动脉（包括子宫后动脉的起点在内）是由上而下的，短而游离，直肠检查时很容易找到，并能用手指捏住。现将母驼妊娠各月直肠检查的情况做如下介绍。

（1）妊娠 1 个月　左侧子宫角壁较薄而松软，右侧子宫角壁厚（质地软实）。在手的刺激下，有时子宫收缩，两个子宫角或左侧子宫角就明显呈弯曲的羊角状，同时左侧子宫角及子宫体也变为管状，有弹性，但不如未孕子宫收缩时硬。这时子宫的变化和未孕时无明显不同，所以不能根据子宫的情况做出诊断，只有个别的左侧子宫角显著增大。一侧卵巢上有一个大黄体，其体积超过最大的周期黄体，表示母驼可能妊娠。

（2）妊娠 1.5 个月　左侧子宫角一般长 10～15cm，宽 5～8cm（子宫角基部），未孕时长达 8～12cm，宽 3.5～4cm。右侧子宫角则无明显变化，长 6～8cm，宽 3.5cm。子宫体（实际指从两子宫角分岔处至子宫颈前端）前粗后细，中部宽 5～8cm；未孕时中部宽 4.5～5.5cm，因为左侧子宫角及子宫体均变粗，所以从子宫体向前摸时，常感觉到子宫体和左侧子宫角直接相连，呈向左弯的筒状，右侧子宫角好像是它的一个侧支。

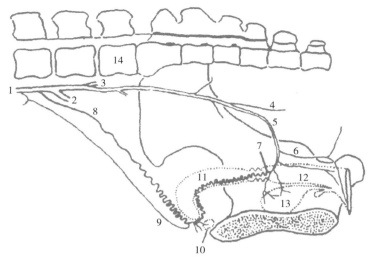

图 4-9　母驼生殖器官动脉

1. 主动脉　2. 髂外动脉　3. 髂内动脉　4. 臀后动脉　5. 尿生殖动脉　6. 会阴阴蒂动脉　7. 子宫后动脉
8. 子宫卵巢动脉　9. 返回支　10. 卵巢　11. 子宫角　12. 阴道　13. 膀胱　14. 第七腰椎

（资料来源：董常生，1978）

由于上述特点，这时妊娠诊断一般已无困难。

通常子宫均比较松弛，壁（尤其是左侧子宫角）软，因而左侧子宫角弯曲不大，右侧子宫角无明显弯曲；但偶尔两子宫角也呈羊角状。在个别情况下，子宫壁在短时间内变得十分松软，以致摸不清子宫的轮廓，但不久其张力即恢复，又能摸清楚。子宫收缩时，体积变小，壁紧张，感觉硬，左侧子宫角呈羊角状；有时双侧子宫角均呈羊角状，分岔处即不易摸清楚。如收缩剧烈，子宫明显变小，与未孕时相似，但维持的时间不长。在收缩的情况下，偶尔两子宫角仍弯曲不大。子宫剧烈收缩时，有 1/5 的子宫体上有少数皱纹，这种皱纹比未孕时清楚，但比产后恢复时浅、数量少。卵巢与妊娠 1 个月时相同，但有的黄体比妊娠 1.5 个月时增大，还常出现另外 1～2 个直径 1～1.5cm 的小黄体。

（3）妊娠 2 个月　左侧子宫角粗而长，一般长 15～20cm，基部宽 8～10cm。右侧子宫角相比之下变化不大，长 7～12cm，宽 4～6cm。子宫体变粗，中部宽 7～12cm。触诊时感觉比妊娠 1.5 个月时的子宫体更鲜明。左侧子宫角和子宫体显著粗大，二者直接相连，对比之下，右侧子宫角细短，仅像是它们的一个突出。子宫收缩时，情况也和妊娠 1.5 个月时基本时同，弯曲剧烈时，摸不到两子宫角分岔处。无论子宫松弛或收缩，均感到内有液体，但在收缩时波动不明显。从妊娠 2 个月起，在少数情况下（1/7），子宫各部分的大小及形状可以暂时出现特殊变化。卵巢与妊娠 1.5 个月时基本相同，但位置移至耻骨前缘前方。

（4）妊娠 2.5 个月　左侧子宫角更加增长，常摸不清其尖端，无法测定长度。基部宽 8～14cm，有的基部较细，前端较粗。右侧子宫角仍未显著增大，长 8～12cm，宽 4～10cm。子宫体显著增长变粗，中部宽 8～15cm。因为左侧子宫角及子宫体整个成为一个长圆形的粗筒，相比之下右侧子宫角很细小，有时右侧子宫角压在左侧子宫角之下，不易发现。子宫松弛时，左侧子宫角弯曲不大，或向左前方伸展，也会有短时间十分松软，以致摸不清楚的情况。子宫收缩时，壁肥厚，有硬感。左侧子宫角弯曲大时，摸不到两子宫角分岔处。有44%的子宫体上有纵皱纹，有时皱纹能延至左侧子宫角上。子宫内液体波动的情况和妊娠2个月时基本相同。在个别情况下，子宫也呈现特殊形状。左侧子宫角扩大时，左侧卵巢位于左侧子宫角之下，移至耻骨前缘前下方，较游离，所以有半数找不到。右侧卵巢除个别的以外，均能找到。卵巢上的情况和妊娠1.5个月时相同。有1/5的孕驼，左侧子宫后动脉比右侧稍粗。

（5）妊娠3个月　左侧子宫角和子宫体继续增大变长，左侧子宫角基部宽10～15cm，子宫体中部宽10～16cm，均视收缩或松弛而定。右侧子宫角仍像是左侧子宫角和子宫体的一个突出。子宫壁常较软，和妊娠2.5个月的情况基本相同，但左侧子宫角和子宫体更像一个粗而长的圆筒，伸向左前方，一般摸不到尖端。手须尽量向前伸，才能摸到两子宫角分岔处。偶尔子宫壁十分松软，子宫内液体波动明显。子宫收缩时，情况和妊娠2.5个月时相同，子宫体上有纵皱纹者占68%。

母驼妊娠2～3个月时，整个子宫在收缩较强、两子宫角弯曲的情况下和充尿的膀胱十分相似。鉴别的依据是子宫为纵长的圆形，表面光滑，壁紧张一段时间后即松软，而且仔细触诊可以摸到右侧子宫角及其附近的右侧卵巢。

膀胱则为纵轴稍长的椭圆形，壁紧张且粗糙不平，轮廓非常清楚，长时间不变松软，排尿时才迅速缩小。因为右侧子宫阔韧带比左侧的窄，膀胱充尿时，子宫体一定偏于其上右侧。如果骨盆腔内的膨大物为膀胱，在它上右侧一定能够找到子宫。在14峰孕驼中，有9峰（64%）未找到左侧卵巢，右侧卵巢一般仍能找到，情况与妊娠2.5个月时相同。有半数的孕驼，左侧子宫后动脉比右侧的稍粗，而右侧子宫后动脉基本上和妊娠2.5个月时相同。

（6）妊娠4个月　左侧子宫角粗大，且大为前移，既无法测量长度，也不易确定宽度；子宫壁极度松软时，尤难摸清楚。有半数孕驼已经摸不到两子宫角分岔处，能摸到分岔处者，也能摸到右侧子宫角。右侧子宫角较小，子宫体长而粗，中部宽10～18cm，差别很大，视收缩或松弛而定。子宫壁仍依松弛或收缩时软硬明显不同。子宫松软时可以清楚地感到内有液体；但左侧子宫角沉入腹腔，则不易摸到波动。子宫收缩时，波动不明显，约半数孕驼子宫体上有纵皱纹。从这时起，因为生殖器官从骨盆腔深入腹腔，所以手在耻骨前缘上左右滑动时，不能像未孕或初妊娠时将骨盆腔和腹腔器官明确分开。左侧卵巢因大为前移，故仅在个别母驼能够找到。右侧卵巢不如以前容易摸到。有60%的孕驼，左侧子宫后动脉比右侧粗。

（7）妊娠5个月　左侧子宫角向腹腔下垂，因而有3/4的孕驼未摸到两子宫角分岔处及右侧子宫角。子宫体的粗细和妊娠4个月时相同。子宫壁的软硬、纵皱纹也和妊娠4个月时基本相同；但液体波动不如妊娠4个月时清楚，常感觉子宫像一空袋垂入腹腔。偶尔子宫体极度松软，摸不清楚。有时子宫收缩，子宫体呈圆筒状，个别孕驼在耻骨前缘左前下方能够摸到胎儿。左侧卵巢已摸不到。右侧卵巢须触诊范围较广，才能找到。3/4 的孕驼左侧子宫后动脉较右侧粗，少数出现妊娠脉搏，但很微弱；大多数孕驼的右侧后动脉较未孕者粗。

（8）妊娠 6 个月　已经摸不到两子宫角分岔处及右侧子宫角。子宫体常较松软，呈扁袋状向前向左下方斜；宽度仅比妊娠 4 个月时稍大，宽 12～20cm，但多为 12～16cm。这时如膀胱不大，骨盆腔内又无肠道，即感骨盆腔很空洞；但在耻骨前缘上清楚地摸到子宫体从骨盆腔进入腹腔。子宫体收缩时，呈圆筒状，比松软时细；子宫壁有弹性，且较肥厚，有纵皱纹者和妊娠 5 个月时差不多。1/3 的孕驼在骨盆入口左前下方摸到胎儿，但均迅即移走，仅个别的摸到有明显的胎水波动。两侧卵巢都摸不到，以后各月更是如此。大约 90% 的孕驼，左侧子宫后动脉比右侧粗，将近半数出现轻微的孕脉，且在距动脉起点较远处，尤其在子宫附近，摸得比较清楚。将近 85% 的孕驼，右侧动脉比未孕者显然增粗，个别的出现孕脉。但也有个别孕驼，到这时两侧后动脉均未明显增粗。

（9）妊娠 7 个月　子宫体的情况和妊娠 6 个月时基本相同。但有纵皱纹者大为减少，仅为 1/5。和妊娠 6 个月相同，有 1/3 的孕驼在短时间内摸到过胎儿。胎儿位于左肾下方的耻骨前缘前。胎动比牛的活跃，但较马稍弱。左侧子宫后动脉已很粗大，起点处直径为 0.8～1.0cm，个别的为 1.1～1.2cm；将近 3/4 的孕驼有清楚的妊娠脉搏，但也有间断出现的情况，有的是在捏紧动脉时才感觉更清楚。右侧动脉也已明显增粗，直径为 0.6～0.8cm，个别的达 1.0cm，其中少数孕驼（1/6）也出现轻微的孕脉。

（10）妊娠 8 个月　子宫体的形状、质地以及有无纵皱纹的情况和妊娠 7 个月时基本相同。将近 3/4 的孕驼能够摸到胎儿。刚摸到时一般均在左肾之下，受到刺激后移向前下方。左侧子宫后动脉起点处直径有 1.0～1.2cm；大约 4/5 的孕驼有明显的妊娠脉搏，有的甚至一接触动脉即能摸到，但也有的在捏紧时才能感觉清楚。右侧动脉直径 0.8～1.1cm，2/5 的妊娠母驼出现孕脉。

（11）妊娠 9 个月　子宫体的情况和之前基本相同，但仅 1/7 孕驼的子宫体壁上仍有纵皱纹。比妊娠 8 个月时更容易摸到胎儿，胎动更为明显。左侧子宫后动脉起点处直径 1.1～1.4cm，全部均有清楚或明显的孕脉，右侧动脉直径 1.0～1.2cm，半数出现孕脉，并且时有时无。

（12）妊娠 10 个月　情况和妊娠 9 个月时基本相同，右侧子宫后动脉大多数出现妊娠脉搏。

（13）妊娠 11 个月　子宫体上仍可出现纵皱纹。全部孕驼均能摸到胎儿，且有的胎儿前置部分进入骨盆腔，手一伸入肛门即能摸到。胎儿的位置能够前后移动。左侧子宫后动脉起点处直径 1.1～1.4cm；孕脉更加明显，有的一接触动脉即能感觉到，但个别的仍须捏紧才能感觉到。右侧子宫后动脉稍细，妊娠脉搏的情况和妊娠 10 个月时差不多，但较明显。

（14）妊娠 12 个月至产前　均能摸到胎儿，其位置和妊娠 11 个月时相同；个别的向前移时，手摸不到。左侧子宫后动脉起点处直径 1.2～1.4cm，右侧的稍细，但也有个别孕驼两侧动脉粗细接近。妊娠脉搏一般均显著，有的手不接触动脉即能感到其特殊的震动；但也有个别的两侧动脉的孕脉均不甚明显，或右侧摸不到妊娠脉搏。

　　直肠触诊不能提供关于妊娠早期阶段胚胎/胎儿存活能力的充分信息。该方法在骆驼的妊娠诊断中，直肠有被撕裂的风险。但如果由受过训练的人进行触诊，直肠被撕裂的风险会降低。

　　除直肠触诊外，也可进行阴道探测，确定阴道黏液或任何阴道分泌物的性质，并判定子宫颈的开张情况。

（二）超声波检查

　　1. 直肠超声波检查　　直肠超声波检查在兽医学中已得到了普及，并成为检测发情、妊娠和监测大型家畜早期胚胎发育的首选方法。在骆驼中，直肠超声波检查最早可在妊娠17d实施。采用该方法进行妊娠诊断是基于两个主要标准，即胚泡的可视化和黄体的存在。黄体必须存在以确认妊娠状态，除非母驼获得外源性孕酮。在妊娠早期，由于胚泡被拉长、胚泡液分散、子宫松弛，胚泡相对难以显现。然而，囊泡几乎在左侧子宫角，且在子宫角的顶端，此时已经积累了大量的液体，是可视化最佳时期。妊娠第17天时，胚泡在子宫腔内呈星形小积液（图4-10A）。随着妊娠期的增加，胚泡的大小增大，在子宫的纵向视图中变得更明显和拉长（图4-10B）或横截面更圆（图4-10C）。然后，胚胎在第20～22天可见，在囊泡一端固定的液体中形成一个小的回声斑点（图4-10C）；在第23～25天可见心搏，在胎儿的回声斑点中形成一个小的颤动。

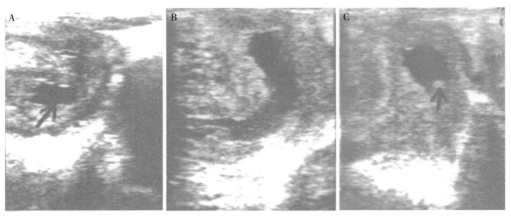

图 4-10　妊娠母驼左侧子宫角的超声图像
A. 妊娠 17d　B、C. 妊娠 20d
（资料来源：Skidmore，2000）

　　在第30～40天，由于胎液的积聚，胎体的总直径加速增加，在此期间尿囊绒毛膜进一步拉长，占据右侧子宫角的剩余部分（图4-11A、B）。同样，此时在胎儿周围的羊水和羊水外更大体积的尿囊液之间偶尔可以看到一个清晰的分界线，前者倾向于含有回声细胞碎片，而尿囊液则干净，无回声。到第55天，胎儿的头部、颈部、腹部和个别肢芽可以很容易地识别（图4-11C），但在第60天以后，胎儿的体液已经增加到使胎儿不易被看到。

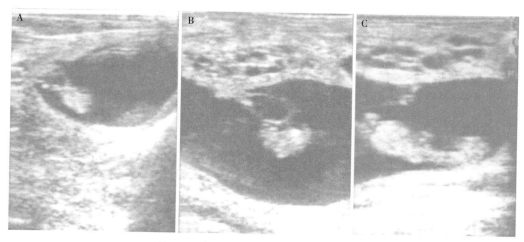

图 4-11　妊娠母驼左侧子宫角的超声图像

A. 妊娠 35d　B. 妊娠 40d　C. 妊娠 55d

（资料来源：Skidmore，2000）

从妊娠第 2 周到第 42 周，每周进行一次直肠超声波检查，从第 42 周到分娩，每隔 2 周进行一次。每次检查要测量胎儿的四种参数：双顶径（BPD）、腹部直径（ABD，脐带插入处腹部的最大直径）、瘤胃直径（RUD，瘤胃的主要腔内长度）和眼球直径（EBD，玻璃体从内侧巩膜到外侧巩膜的最长距离）。

黄体是骆驼妊娠期孕酮的主要来源，在整个妊娠期都需要黄体的存在。妊娠期间的 CL 往往大于"周期性"CL，并且可以有多种形式，可以是一个具有中央回声的阴性紧凑型 CL（图 4-12A），或大而致密的均质 CL（图 4-12B），或大空腔 CL（图 4-12C）。后者多见于前两种形式，随着妊娠的进展而改变，同时随着黄体化的进展而变得完全有回声。

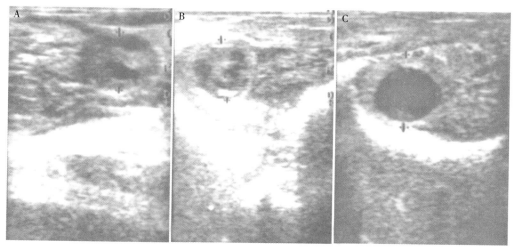

图 4-12　妊娠母驼黄体超声图像

A. 中央有回声的阴性黄体　B. 致密而匀质的黄体　C. 空洞性黄体

（资料来源：Skidmore，2000）

2. 腹部超声波检查　腹部超声波检查有 6 个指定区域（图 4-13），即后腹部两侧（CAA，右侧和左侧，乳房底部正上方）、中腹部两侧（MIA，右侧和左侧，位于乳房底部和脐之间）以及前腹部两侧（CRA，左侧和右侧，从脐带到剑状软骨）。检查部位需要刮毛，并涂抹润滑剂。然后将探头垂直放置在骨盆腔和腹腔的皮肤上检查。每一次检查都要测量胎儿 BPD、EBD、ABD 和 RUD。经腹部超声波检查可为妊娠诊断提供准确、快速的选择。利用该方法可以检测从妊娠第 6 周开始的整个妊娠期间骆驼的孕体和胎儿参数。此外，在妊娠中期和晚期妊娠子宫向下移动，一些胎儿参数不能通过经直肠超声波检查获得。根据目前的资料，骆驼孕体的超声图像的显示取决于妊娠的阶段和妊娠子宫的大小、位置和形态的变化。腹部超声波检查为监测不同妊娠阶段的胎儿生长速度提供了很好的支持，而且在估计孕龄方面也有很高的可靠性。

腹部超声波检查具有以下优点：①从第 6 周开始的整个妊娠期可以检测胎龄和胎儿参数；②检查人员不需跪在地上操作；③在妊娠晚期，可以完成直肠超声波检查无法获知的胎儿细节。

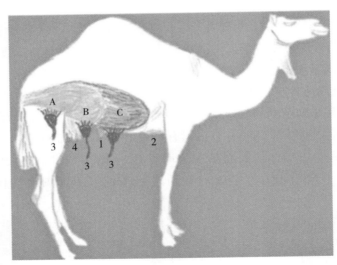

图 4-13　不同妊娠期妊娠子宫位置的变化和腹部超声波检查的预期区域
A. 妊娠早期和晚期采用后腹部检查　B. 妊娠中期采用中腹部检查　C. 妊娠晚期采用前腹部检查
1. 脐带　2. 剑状软骨　3. 凸阵探头　4. 乳房
（资料来源：Ali，2019）

（三）实验室检测

1. 孕酮检测　对骆驼孕期孕酮浓度的研究证实，骆驼在整个孕期都依赖于卵巢孕酮的分泌。切除有 CL 卵巢，或给予 $PGF_{2\alpha}$ 或其类似物，在妊娠的任何阶段都会导致流产或早产。因此，胎盘可能不分泌孕酮或没有卵巢 CL 帮助的情况下，分泌量不足以维持妊娠。在交配的单峰驼中，血清孕酮浓度从排卵后第 3 天开始增加，到第 8 天时浓度约为 3.4ng/mL。但是，如果骆驼没有妊娠，浓度在第 10～12 天迅速恢复到小于 1ng/mL 的基础水平；如果母驼妊娠，孕酮浓度在前 90～100d 保持在 3～

5ng/mL。一些研究表明，孕酮水平随后下降至 2~4ng/mL，一直保持到第 300 天；在接下来的 70~80d 内，孕酮水平进一步轻微下降，然后在分娩前一天或分娩当天迅速下降至小于 1ng/mL（图 4-14）。另有研究表明，从妊娠 5 个月到分娩，孕酮浓度逐渐下降。

因此，测定外周血孕酮浓度对早期妊娠诊断具有重要价值。如果在妊娠第 12~15 天采集血样，并且血样孕酮浓度仍然很高（大于 1.0ng/mL），则表明骆驼可能妊娠；如果孕酮浓度降至小于 1.0ng/mL，则骆驼肯定没有妊娠。如果孕酮测定与直肠检查相结合，就可以检测出空怀母驼，并在同一繁殖季节对它们进行再授精。骆驼经诱导排卵后，只有在成功交配后才出现发育良好的黄体。

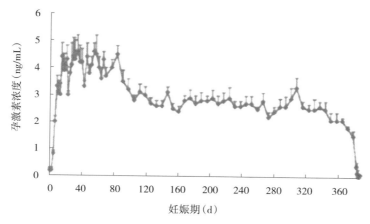

图 4-14　妊娠母驼血清孕激素浓度
（资料来源：Skidmore，2000）

2. 化学检测　母驼的发情周期为 18~32d，其发情行为与优势卵泡的存在并不总是相关，在驯化动物中常见的妊娠诊断方法如直肠检查法，通常不适用于半驯化的骆驼。Cuboni 反应是基于尿液雌激素与苯、盐酸和硫酸的荧光反应，是一种用于定性诊断马属动物妊娠的方法。利用屠宰的母驼尿液对 Cuboni 反应进行了初步的研究，结果表明，从妊娠第 7 个月开始，这种反应似乎是适用的。Cuboni 反应的总准确率为 70.5%。所有 Cuboni 反应的假阳性率和假阴性率分别为 16.7% 和 9.0%。Cuboni 反应的结果明显受母驼妊娠期的影响。母驼在妊娠期后 1/3 阶段，Cuboni 反应的准确性为 100%；在母驼妊娠 230d 后，Cuboni 反应的准确率可能达到 100%。研究结果表明，Cuboni 反应适合于母驼的妊娠诊断，北半球的最佳采样时间为夏季和秋季，这两个季节保证了 Cuboni 反应的较高准确性。氯化钡（BaCl）试验曾用于母牛和母猪的妊娠诊断。在非妊娠动物的尿液中加入几滴 1% 的氯化钡溶液，会引起白色沉淀，而在妊娠动物的尿液中，不会形成沉淀。BaCl 试验结果与动物实际妊娠状况有一定的相关性，但差异不显著。所有反应的假阳性率和假阴性率分别为 36.0% 和 40.0%。基于尿液中雌激素的化学反应来检测妊娠的准确性是有限的，然而对野生和未驯化的有蹄类动物的妊娠诊断是很有用的。氯化钡试验须进一步研究方可用于骆驼的妊娠诊断。

3. 子宫颈黏液的变化

（1）黏度 研究表明，妊娠母驼和未妊娠母驼的子宫颈黏膜的 pH 和流动弹性会发生变化。子宫颈黏液在卵泡周期的大多数阶段都是混浊的，虽然在发情期变得不那么黏稠，但也不是水样的。在妊娠母驼中黏液变白，不透明，且逐渐减少，直到第 2 个月，黏液少至几乎不可能收集。

（2）pH 在未妊娠的母驼卵泡周期中，pH 为 6.74～7.36；但在妊娠早期，pH 变得偏碱性。交配后 pH 从 7.05 增加到妊娠第 6 周开始时的 8.2。

（3）流动弹性和阴道涂片 流动弹性值和阴道涂片模式及温度在妊娠和未妊娠母驼之间没有差异。

（4）相对密度 用硫酸铜法测量发现，在未妊娠母驼的卵泡周期，相对密度在 1.004～1.008。在妊娠期间相对密度增加，从交配后的 1.009 上升至妊娠第 6 周的 1.014。

但是，上述方法在野外条件下均不适用。

第二节　母驼的分娩与助产

一、母驼的骨盆

母驼骨盆（图 4-15）的形态和构造与牛和马相似。与牛和马相比，母驼骨盆更窄、更斜，共轭直径〔（24.00±0.42）cm〕更大，约为横径〔（16.50±0.63）cm〕的 1 倍。骨盆底部较厚，长度为（15.03±0.34）cm。它被两条横脊分为三个部分，即前侧部、中间部和后侧部。前侧部狭窄，由耻骨构成，位于前侧至闭孔前侧缘。中间部最大，凹形，由坐骨和耻骨组成。这个凹面可能是用于放置膀胱。后侧部由坐骨构成，向后侧部和腹侧倾斜，位于闭孔尾缘的后侧。骨盆联合背侧有明显的纵嵴。在骨盆联合的腹侧有两个突出的前侧和后侧结节。

母驼的骨盆与牛、马相比较有以下特点：①入口近乎圆形，与马相似，较宽于牛。②母驼坐骨嵴比牛的低，因而两个嵴间距及骶骨韧带相对较宽，便于胎儿通过骨盆腔。母驼坐骨粗而较低，故出口的软组织成分较多，胎儿通过时扩张较大。这些特点均有利于胎儿的产出。③母驼骨盆底凹陷程度浅于牛而深于马。骆驼的骨盆底在其中间和远端区域具有直轴线；母牛的骨盆底是凹的，母马的骨盆底是水平的。④骨盆轴为一微向上弓的曲线，与马相似，较牛直，胎儿通过骨盆所经路线几乎为短直线。骨盆底的平均长度仅 15.5cm，比马、牛都短。⑤骆驼的髋结节呈冠状，位于腹侧，而母牛和母马的髋结节呈不规则形状；母马有四个髋结节。⑥骆驼的髂嵴从一边到另一边是粗而凸起的；母牛是直线形且很粗；母马的是凹形且粗，几乎是横向排列。⑦与母马和母牛相比，成年母驼呈现出完全骨化的骨盆联合，具有其自身的骨化中心，该骨化中心形成耻骨联合。⑧在骨盆联合的腹面，骆驼和牛有联合冠，牛的联合冠要比骆驼的更尖锐和突出，骆驼的联合冠具有圆形的外观，并且更平滑。母驼的坐骨弓深而大；母牛的坐骨弓深而窄；母马的坐骨弓浅而开口更宽（图4-16）。

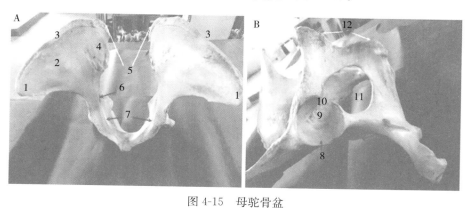

图 4-15　母驼骨盆

A. 前视图　B. 后视图

1. 髋骨结节　2. 非关节区　3. 髂嵴　4. 关节区　5. 骶骨结节　6. 滋养孔　7. IPL髂耻界线
8. 髋臼　9. 髋臼窝　10. 髋臼凹口　11. 闭孔　12. 骨盆联合上的腹侧结节

（资料来源：Sasan，2013）

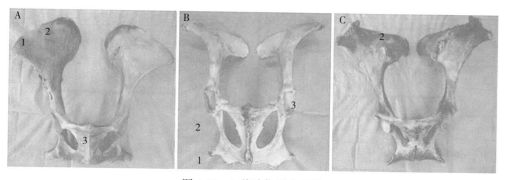

图 4-16　3种动物骨盆比较

A. 母驼　B. 母牛　C. 母马

1. 髋结节　2. 髂嵴　3. 联合冠

（资料来源：Crisan，2009）

　　由上述情况可以看出，母驼骨盆的结构便于胎儿通过。再者骆驼的胎头比骨盆腔小，胎儿的初生重也不很大，平均为（37.8±5.99）kg，所以通过产道比牛容易。双峰驼分娩困难在于前峰，前峰处胸部的高度（平均高35.7cm）比骨盆腔的高度（入口的垂直径平均为18cm）大得多。然而，由于前峰是向后斜的，所以胎儿的产出过程还是比较顺利的。

二、母驼分娩预兆

　　分娩预兆包括临产前几天的腹部膨胀、乳腺增大、骨盆韧带松弛和外阴水肿。一般来说，母驼在分娩前 30d，腹部增大，但在妊娠的最后 2 周，腹部明显膨胀。乳腺肥大在妊娠最后 1 个月可见，在分娩前 14～16d 最为明显。骶骨韧带在妊娠的最后 3 周逐渐松弛。然而，分娩前 13～14d，双侧韧带明显松弛，在母驼移动时尤为明显。分娩前母驼的外阴阴唇轻度水肿，可见少量黏液状分泌物。在妊娠的最后 18～21d，"乳"静脉（腹壁浅静脉后侧）肥大且呈窦状。初乳的出现（分娩前 4～5d）和乳头水肿是即将分娩的主要标志（表 4-1）。

表 4-1　母驼分娩预兆

预兆	分娩前表现的时间（d）
腹部膨胀	12.5±4.2
荐坐韧带松弛	15.5±2.6
乳腺增大	24.2±8.3
出现初乳	4.6±2.5
乳头水肿	1.5±0.5
外阴唇水肿	4.0±1.5
外阴出现分泌物（极少量）	1.5±0.2

资料来源：Elias，1986。

　　上述变化开始出现的时间及表现的程度，在个体之间差异较大，和分娩没有一致的时间关系，不能作为精确判断分娩日期的依据。最可靠的分娩预兆是母驼不安或企图离群。产前 1d，母驼轻度不安，放牧时，常在群边活动，吃草减少，回圈后，常沿圈墙走动，或站在门口，企图外出，有时还起卧打滚，不像平时那样彻夜静卧；临产前，母驼离群疾行，或早晨一出圈即离群，这是即将分娩的可靠预兆，在初产母驼中更为明显，但流产前也有同样现象，这是母驼和其他母畜不同的特点。有时母驼可走出 10～15 km，而且一般向上坡走，因此在丢失临产母驼时，牧民都是立即向高坡去找，以免驼羔受到损失。阴道检查发现，将近半数的临产母驼在表现不安及企图离群时，子宫颈口已经不同程度地开放。

　　总之，母驼分娩前 4～6d 检测到初乳及外阴阴唇肿胀，分娩前 15d 开始骶韧带松弛，两侧和骶骨远端形成一条浅沟，在分娩前 9d 清晰可见。

三、母驼分娩过程

　　与大多数家畜相比，有关母驼分娩的信息很少。不正确的分娩管理可能会影响母驼的繁殖力。母驼正常分娩的记录也是有价值的临床经验积累，可用于难产的诊断。正常分娩由激素变化启动，分为三个阶段，即开口期、产出期和胎衣排出期。各阶段平均持续时间见表 4-2。

表 4-2　骆驼各分娩阶段持续时间

分娩阶段	持续时间（min）
开口期（第一阶段）	275.0±25.0
产出期（第二阶段）	33.9±9.0
胎衣排出期（第三阶段）	65.0±4.2
完全分娩所需平均时间	373.9±38.2

（一）开口期

开口期是从子宫颈开始开放，到完全扩张，与阴道壁的界线消失，与牛相同，而和马、驴不一样。子宫颈是逐步扩张的，黏膜皱襞间的黏液（子宫塞）软化。子宫颈开放后，胎儿的前置部分（两前蹄及胎头）带着部分羊膜，撑破绒毛膜，进入阴道。有的母驼是在胎头进入阴道后经过 1h，才开始产出，所以胎儿前置部分进入阴道后并不一定立即开始产出胎儿。整个开口期中，母驼无努责现象。开口期的早期表现为母驼躁动不安，倾向于在围栏周围游荡，并且经常将尾巴向上或向一侧举起，同时小便。母驼停止进食。有时母驼侧卧，翻滚 1～2 次。临产母驼的这些行为变化与马的绞痛症状相似。在 3.5～4.5h 内，不适症状逐渐加重，伴有呻吟和疼痛的面部表情。仅在该阶段结束时出现明显的腹部肌肉组织收缩，收缩速度为每 10min（5.5±1.5）次。开口期开始之前，子宫颈阴道部是紧闭的，呈钝圆锥状，但也有个别的子宫颈外口是稍为开放的。子宫颈阴道部周围有一环形黏膜皱襞，皱襞一般均松弛，有时收缩，似将子宫颈阴道部包起来。开口期最后，母驼羊膜囊（透明、无血管羊膜，即"水袋"）出现在外阴，"水袋"中可见胎儿的一部分（图 4-17）。从不适症状加剧到子宫颈完全扩张的时间为（95±20.5）min。

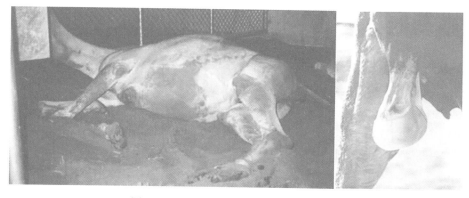

图 4-17　母驼分娩的开口期（第一阶段）
注：此时母驼表现出滚动活动增加和频繁排便，出现"水袋"
（资料来源：Skidmore，2000）

（二）产出期

产出期始于胎儿头部进入产道。母驼半侧卧，轻微努责数次后即可从阴门内看到乳白色、半透明、无血管的羊膜，其中含有淡白色羊水；紧接着羊膜呈囊状突出于阴门之外；随后在羊膜囊内可以看到胎蹄（图 4-18A）。

开口期内胎膜囊向阴道内移动，绒毛膜层破裂后，只有羊膜囊进入阴道，所以首先露出的胎膜均为羊膜，无一例外。有些母驼在羊膜囊露出后停止努责，并站起，羊膜囊可以复入阴道；母驼再次卧下努责时，羊膜囊又重新露出。随后再经过数次努责，胎头架在二掌骨之上露出阴门。骆驼的胎头较小，通过产道比牛容易。羊膜囊的破裂发生在阴门外，并且是在胎蹄或胎头露出以后（图 4-18B），破裂是由于母驼尾巴摆动或和地面摩擦引起的，且在阴道内破裂的少见。

头胎母驼胎儿通过处女膜时，将其撑开，有时可见少量出血。有些母驼在胎头露出以后，起立走动，甚至吃草，然后又重新卧下努责。胎儿胸部通过骨盆腔非常困难，这时母驼努责频繁、强烈、持久，最长者每次努责达 15min。努责时母驼侧卧，前腿蹬直，后肢前后摆动。这时胎儿因为胸部受到强烈压迫，胎盘循环又因子宫大力收缩而发生障碍，导致呼吸困难，所以用力挣扎、张口，力图深吸气。胎儿胸部如长久排不出来，所受压力很大（母驼强烈努责时，常能听到胎儿胸部的骨骼被挤得咯咯作响），胎儿的颈静脉即怒张，呈圆筒状，在颈颌三角区其直径可达 3～3.5cm。在排出胎儿胸部的过程中，母驼常作短暂的休息，变为伏卧，或站起走动，然后再侧卧努责；胎儿胸部露出后，母驼休息片刻，重新努责。脐带一般也同时被扯断。有时在胎儿胸部露出后，母驼站起，胎儿的后躯即迅速脱离母体。脐带被扯断后，脐动脉断端缩入脐孔内，仅剩十余厘米长的羊膜套，套内有很短一段脐静脉断端。脐带不断的胎儿仅占 1/6，立即进行人工断脐时，脐带的母体断端流出的血液量平均为 380（150～770）mL。在产出过程中，胎儿体表所包的一层膜（见胎膜部分）被扯破。从母驼开始努责，到胎儿排出，持续时间平均为（26.8±12）min。正生为纵胎向、头先露，上位（背部在上）；也有倒生的，但为关节硬结的死亡胎儿。胎势为两前腿伸直，头颈也伸直，位于两前腿之上（图 4-18B）。

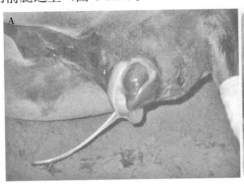 

图 4-18　母驼分娩的产出期（第二阶段）

A. 胎儿进入产道，鼻和蹄出现在阴门

B. 胎儿头颈位于两前腿之上

（资料来源：Skidmore，2000）

（三）胎衣排出期

1. 排出过程 产出胎儿后，母驼暂时安静，无努责现象，平均经过 42（2～140）min，重新伏卧（有时侧卧），开始努责，但力量较产出期弱得多。尿膜羊膜呈囊状露出阴门之外，其表面色白、光滑，内含淡棕色尿液，在囊的背面往往可以看到脐带的断端。随着母驼努责，此囊逐渐增大，子宫体和孕角内的胎衣也逐渐从阴道内排出，最后空角内的胎衣也被排出。但是，有时子宫体内胎衣露出后，空角内胎衣先出，孕角内胎衣后出，或二者同时排出。

骆驼的胎衣不是先从子宫角尖端脱离子宫黏膜，发生内翻，然后翻出来，而是整个绒毛膜脱离子宫黏膜后逐渐滑出来，所以胎衣排出后总是绒毛膜位于外面。尿膜在产出期中不发生破裂，在胎衣排出期内，一般也不破裂（个别母驼因起卧而碰破），因而胎衣排出后尿囊是完整的（图 4-19）。以上都是骆驼和其他家畜不同的特点。

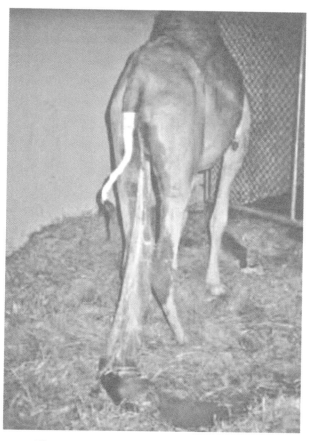

图 4-19　母驼分娩的胎衣排出期（第三阶段）
（资料来源：Skidmore, 2000）

2. 持续时间 从产出胎儿算起，到胎衣排出为止，一般持续时间平均为 21～77min，但也有长达 131～184min 的。尿囊破裂者，胎衣排出的速度比尿囊完整者稍慢，平均为（75±16）min。

四、骆驼分娩激素变化

据报道，在单峰驼中，血清孕酮浓度在妊娠的最后一个月下降，而雌二醇-17β在孕酮下降前增加。这些妊娠类固醇可以被描述为恒定的，以区别于对子宫肌层产生快速影响的调节因子，如 $PGF_{2\alpha}$。此外，在骆驼中，还未广泛研究母体分娩前血浆皮质类固醇的变化模式。

El-Wishy 等（1981）报道，孕酮浓度在妊娠的最后一个月显著下降；而 Elias 等（1984a）发现在妊娠的第 6 个月开始孕酮浓度逐渐下降。由于许多研究中使用的抗血清与 3α-二氢孕酮的交叉反应率小于 2%，因此，所有先前提到的血清孕酮浓度的早期下降不太可能是由于 3α-二氢孕酮的作用。在妊娠的最后一个月，孕酮浓度大于 1～4ng/mL，这似乎是维持骆驼妊娠所必需的。El-Belely（1993）的研究结果显示，产前血浆孕酮浓度在分娩前 66～42h 开始下降，这与在牛、绵羊和山羊中观察到的情况相似。据 Agarwal 报道，雌二醇-17β 的浓度在妊娠期间逐渐增加，从妊娠 2～3 个月时的基础浓度 20pg/mL 增加到妊娠末期的 450pg/mL。Elias 发现，雌二醇-17β 的浓度从妊娠 10 个月时逐渐增加，到妊娠 48 周时达到峰值 606pg/mL。直到分娩前第 5 天，所有实验骆驼的总雌激素的基础浓度（10～12pg/mL）才被检测到，此后持续增加，在胎儿头部和颈部进入外阴部时达到峰值（297.8pg/mL），当胎儿后肢通过外阴部时，其浓度显著下降。El-Belely（1993）的研究结果表明，分娩前 2d 血清总雌激素浓度增加约 5 倍，这种变化可能反映了妊娠胎儿的高皮质激素血症，如绵羊和山羊。在黄体退化时，总雌激素和 PGFM（13,14 二氢-15-酮基前列腺素 $F_{2\alpha}$）变化之间的相关性表明，骆驼孕体的成熟与黄体溶解有关，因为合成的雌激素量增加，能够释放更多的 $PGF_{2\alpha}$，尤其是在分娩前几个小时内。与其他家畜相比，骆驼血清中 PGFM 的浓度较高，某种程度上可能是 $PGF_{2\alpha}$ 分泌速率的初始增加和/或 $PGF_{2\alpha}$ 通过胎儿-母体胎盘单位的净转运增加所致。此外，PGFM 血清浓度仅在产前最后 7～10d 增加到超过 2ng/mL，在其他物种中，PGFM 在分娩前 3～4 周增加到 3ng/mL。出现这种差异主要是由于牛、绵羊和山羊胎儿的成熟早于骆驼。由于骆驼和母马的子宫和胎盘的解剖和组织学功能相似，导致母驼血清中 PGFM 浓度的大小和持续时间与母马相似。因此，骆驼胎儿和马胎儿在子宫内的寿命是主要影响因素。然而，也有报道显示，牛、绵羊、山羊和母马在分娩后期，血清中 PGFM 浓度急剧增加。当 PGFM 浓度上升并超过 3ng/mL（3.2～4.5ng/mL）时，孕酮浓度开始下降，并且孕酮的不可逆下降对应于 PGFM 浓度快速变化的开始，与血清中的雌激素∶孕酮比率平行。这种变化可能通过诱导子宫肌层催产素和松弛素受体的发育，刺激前列腺素类似物的产生，促进子宫肌层细胞间缝隙连接的形成，以及改变子宫肌层中类固醇受体的数量，为分娩的发动创造条件（图 4-20）。

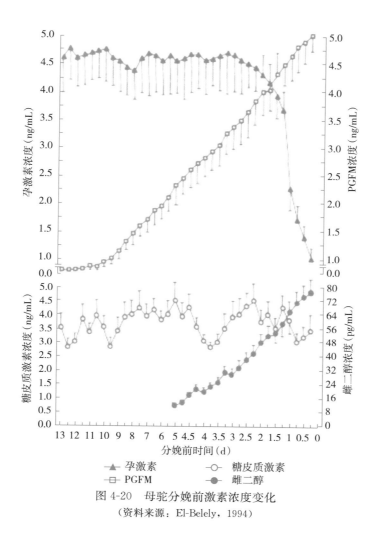

图 4-20　母驼分娩前激素浓度变化

（资料来源：El-Belely，1994）

五、骆驼助产

骆驼的助产工作，基本上和其他家畜相同，现仅将不同点介绍如下。

（一）产前准备

1. 产地的选择　产前牧工都把妊娠母驼群迁到草好近水避风，且以前没有产过驼羔的地方。原因是母驼的母性很强，产后恋羔，会长久守在驼羔身旁，不去远处，因此，附近须有水草。大肠杆菌病是驼羔最常发生的传染病，死亡率高，凡在曾发生大肠杆菌病的地方产羔，驼羔都容易受到感染。

2. 临产母驼的管理　放牧时经常注意有无不安、企图离群的妊娠母驼。有不安迹象的母驼即送回驻地。驻地无圈墙时，每天归牧后将每两头临产母驼的前腿系部拴在一起，以防跑远。

（二）助产方法

胎头及前肢露出后，如胸部通过骨盆缓慢，须配合母驼的努责，拉出胎儿，以免胎儿发生窒息死亡。拉的方向是向后并使胎儿身体的纵轴成为向下弯的弧形，以免前峰把阴门撑破，可由一人将阴唇上角撸起。

胎儿产出后，在脐带外面涂以碘酊，并将少量碘酊注入羊膜鞘腔内即可，不需要结扎及包扎。产后 3～4d 脐带即完全干燥，但是脱落比其他家畜慢，一般需要 30d（19～39d）。

（三）疾病的处理

除流产外，母驼的产科病很少，如牛常发生的胎衣不下等在骆驼中则极少见。分娩时，可能少数母驼会发生难产，包括胎儿头颈侧弯、腕部前置（腕关节屈曲），但这些反常能够及时发现，并纠正。母驼开始努责时就必须注意观察。例如，在阴门内看到两个胎蹄及唇部（俗称"三件"），说明胎儿胎势正常，可以让它自然产出；如经多次努责后，露出的部分不是"三件"俱全，则须进行检查。只要及时助产，矫正胎势也是比较容易的。此外，也曾见胎儿关节硬结及头弯于两前腿之间下方，这些反常则需要兽医进行手术助产。

六、骆驼产后期

（一）子宫恢复

从产后 6d 起，子宫缩小到直肠检查时能够摸到右侧子宫角，但仅能摸到左侧子宫角基部；约产后 15d 时，可以摸到整个子宫；产后 25～30d，子宫的大小及位置恢复正常。

产后 15d 内，子宫松弛时壁呈面团状，按压后指痕清楚；子宫收缩时，质地感硬，壁上有很多深的纵皱纹，体角交界处尤为明显。产后 30d，子宫壁仍比正常者厚，质地仍未完全复原，但纵皱纹消失。直到产后 40d，子宫壁厚度及质地才恢复原状。

随着子宫的恢复，子宫后动脉也逐渐变细。产后 3d，妊娠脉搏已消失。空角及孕角侧动脉分别在产后约 20d 及 30d 恢复正常粗细。

（二）恶露

产后 2d 内，恶露为红褐色或污红色稀薄黏液，每次排出 30～150mL，常含有絮状组织碎片；产后第 3～4 天，恶露的红色变淡，质黏稠，量减少；第 5 天以后，恶露由黄白色变为淡白色，最后变为清亮，量很少，呈黏液团状，存在于阴门内，或黏附于阴唇、尾根上，似脓。恶露排出的持续时间 10～45d。

（三）卵巢

右侧卵巢在产后 3～5d 直肠检查时即能摸到，左侧卵巢则 5～10d 才能摸到。黄体逐渐缩小而变硬，表面常凹凸不平，缩小到直径 0.8~1.0cm，其吸收过程很慢，可长达 3~4 个月之久。流产母驼的黄体也如此。产后 15~35d，33% 的母驼卵巢上又出现直径为 1~1.4cm 的能够排卵的卵泡。

（四）连年产羔的问题

一项试验表明，强行让产后 12d、18d、40d 有卵泡发育的 3 峰母驼参与交配，经直肠检查它们都排卵，并形成黄体，但未妊娠。生产实践中，母驼连年产羔者之所以少见，可能与以下原因有关：①母驼在带羔的情况下，哺乳可使促乳素释放激素的分泌增强，促乳素抑制激素的分泌则减少。凡是能使促乳素抑制激素分泌减少的任何因素，都能同时使促黄体素释放激素的分泌减少，从而抑制促黄体素的产生，使卵泡不能充分发育，母驼发情也受到抑制，造成泌乳性乏情。所以，即使卵巢内有卵泡发育，母驼也不接受交配。②母驼产羔时，膘情已经大为下降，产后还要进行哺乳，机体消耗较大，卵泡的发育也可能受到影响。③骆驼一般是 3 月产羔，产后经过 15~35d 才有卵泡，产后 30~40d 子宫才能恢复正常。这时公驼的发情季节已近结束，交配能力大大降低，因而母驼受孕的机会也减少。

针对上述原因，采取相应的措施，可以使一些产后母驼妊娠。例如，对 3 月中旬以前产羔的母驼均加强营养，半个月后开始检查，或使用促性腺激素制剂，当发现有卵泡发育时，即进行交配。此外，前列腺素可以促进妊娠黄体的吸收，能够促进卵泡的发育及子宫的恢复。为了能使母驼连年产羔，这些措施都是值得加以研究和实践的。

七、新生驼羔的护理

胎儿产出后，母驼不舔羔，要及时清除驼羔口鼻处黏液，并将羔体擦干。寒冷天气应将驼羔抱回屋内，待羔体干后再交给母驼哺育。驼羔出生后，保持靠近母驼的胸骨平卧大约 1h，然后经过反复尝试，完成站立。驼羔完成站立的平均时间为 (68.6±6.2) min。产后 2h，驼羔能站稳和行走。新生驼羔产后 20~35min 开始对听觉刺激有反应，但是刚出生的骆驼很少发声（一般在出生 30min 以后发生）。产后 (2.8±1.1) h，胎粪被清除，观察不到胎粪嵌塞。个别新生驼羔在第一次哺乳前出现口吐白沫。乳汁反射在产后 70~80min 变明显。自然条件（无人为干预）下，母驼产后 (98.6±1.3) min 开始分泌初乳。有时由于驼羔不够强壮，前 3 次哺乳速度比较慢，一般持续 2~3min。如果乳头发生水肿，则驼羔无法吮吸乳头，需要人工辅助。初生驼羔完成前两次吸吮乳汁后，开始向母驼展示交涉迹象。如果发生母驼拒绝哺乳新生驼羔的情况，则需要人为干预。另外，因母驼恋驼羔性强，产后几天内，母驼会守着驼羔，为驼羔哺乳，而新生驼羔又不能走远，因此，需要为产羔母驼保留一块较好的牧场。同时，应远离住过羊群的营地，因大肠杆菌及疥癣容易感染驼羔及驼群，引发疾病。

第五章

CHAPTER 5

骆驼繁殖管理与繁殖障碍

骆驼在自然条件下，繁殖效率低，这与骆驼初情期晚、妊娠期长、哺乳期长、繁殖季节相对较短、某些生殖疾病流行以及早期胚胎死亡率高有关。另外，繁殖管理系统落后，也阻碍骆驼繁殖性能的提高。因此，加强饲养和繁殖管理、控制疾病和加强优良个体的选择强度，对提高骆驼群的生产繁殖性能和驼群质量非常重要。

第一节　骆驼繁殖管理

一、骆驼繁殖指标

（一）初产年龄

初产年龄是指繁殖青年母驼首次分娩的年龄。

（二）产羔间隔

产羔间隔是指母驼两次分娩之间的时间间隔。由于母驼妊娠期是一定的，因此提高母驼产后发情率和配种受胎率，是缩短产羔间隔、提高驼群繁殖力的重要措施。

（三）产羔率

产羔率通常用母驼产活羔数占繁殖母驼（年龄≥5 岁）的百分比来表示。主要用于评定母驼的繁殖力，与排卵数和胚胎存活率有关。

（四）流产率

流产率指流产母驼数占妊娠母驼头数的百分比。

（五）死亡率

死亡率指断奶前（12 个月龄）死亡的驼羔占总驼羔数的百分比。

（六）总受胎率

总受胎率指配种后受胎的母驼数占参与配种的母驼数的百分比。主要反映母驼的繁殖机能和配种质量，为淘汰母驼及评定某项繁殖技术提供依据。通常，卵巢和生殖道机能均正常，以及进行适时输精的母驼，受胎率高。

（七）发情率

发情率指一定时期内发情母驼数占可繁母驼数的百分比。主要用于评定某种繁殖技术或管理措施对诱导发情的效果以及畜群自然发情机能的影响。

（八）受配率

受配率指一定时期内参与配种的母驼数占可繁母驼数的百分比，也称为配种率或参配率。主要反映畜群发情情况和配种管理水平。

二、骆驼繁殖性能存在的问题

骆驼繁殖性能存在问题主要包括：①与其他家畜相比较，骆驼的不孕不育症仍然没有得到很好的界定；②人工授精和胚胎移植等辅助生殖技术尚未得到广泛应用；③关于产后卵巢生理和/或与营养、管理和环境相互作用的知识不足；④关于骆驼繁殖的研究大多数在试验站进行，实际生产实践中尚未开展工作；⑤关于传染性生殖疾病和公驼性欲方面的研究数据仍然很少；⑥驼羔的死亡率，特别是新生驼羔的死亡率仍然很高。

三、影响骆驼繁殖性能的因素

（一）性成熟年龄

通常母驼进入初情期在 3~4 岁，参加配种的年龄为 4~6 岁，第一次产羔的年龄在 5~7 岁。双峰驼母驼在 3 岁时达到初情期，但参加配种推迟到 4~5 岁后进行。Yagil（1985）提出，给 1.5~2 岁的初情期前母驼注射 FSH 1 000IU，连续注射 3d，交配后，经过长达一年的妊娠期，可以正常分娩产出健康的驼羔。公驼的初情期在 6 岁左右，良好的配种能力可维持 18~20 年。

（二）繁殖季节

母驼是季节性多次发情动物。在热带地区，高水平的营养和管理条件下，骆驼全年都能发情。气候条件、营养和管理水平直接影响繁殖季节的开始、持续时间和性活动强度。双峰驼的繁殖季节从 12 月开始，到 4 月中旬结束。繁殖季节的开始可能与光照有关。骆驼虽然是一种潜在的季节性多次发情动物，但对环境条件的适应性很强。

（三）受胎率

Gupta 等（1968）报道，在发情第 1、2、3、4 和 5 天配种的骆驼，每次受孕的交配次数分别为 1.87 次、1.75 次、2.75 次、2.12 次和 2.72 次。显然，从发情的第 3 天开始，交配次数就更高；在发情的第 1 天或第 2 天配种可以提高受胎率。据 Arthur 等（1985a）报道，每个发情周期交配一次，可使 100 头母驼产 80~90 头驼羔。不同研究报告显示，骆驼低繁殖率可能部分与受胎率有关。Burgemeister（1974）指出，寄生虫病和传染病以及营养不良可能会对骆驼繁殖率产生负面影响。

（四）产羔间隔

骆驼实际每两年产羔一次。然而，在肯尼亚，圈养的骆驼可每年产羔。产羔间隔时间长的原因是骆驼妊娠期长、繁殖季节有限和产后发情晚，通常在分娩一年后恢复发情周期。Richard（1985）观察到，当骆驼在良好的饲养条件下，产羔间隔可缩短到15个月。Schwarz 等（1983）记录，传统饲养的驼群产羔间隔为 28.4 个月，而卫生状况和营养条件良好的驼群产羔间隔为 20.9～22.2 个月。

（五）断奶率

驼羔哺乳期通常在 3～18 个月，有时哺乳期可能长达 2 年，其间任何时候均可断奶。在传统放牧条件下，骆驼的平均断奶年龄约为 13 个月。有时驼羔会继续哺乳，直到下一头驼羔出生，甚至更晚断奶。

（六）驼羔死亡率

驼羔死亡率很高，可达 50%，30% 的死亡率被认为是正常水平。造成这些损失的原因多种多样，主要包括喂食过量、喂食不足、过早断奶、蜱虫寄生、骆驼痘、驼羔腹泻（可能发生病毒感染）、感染其他地方病和管理因素。

（七）繁殖年限

骆驼的繁殖寿命为 20～30 年。一些营养和管理良好的骆驼可以活到 40 岁。Chen 和 Yuen（1984a）报道，在双峰驼中，母驼可以繁育 15 年，甚至 20 岁以上还可繁殖。

第二节　骆驼繁殖障碍

骆驼的繁殖率一直处于很低水平。其原因一方面与骆驼独特的生理特性有关，另一方面与繁殖管理不当有关。但有大量的不孕不育问题与公驼或母驼生殖器官疾病有关。

一、母驼繁殖障碍

母驼生殖疾病和不孕主要可分为四类：①母驼不孕（反复配种综合征）；②未能维持妊娠（早期胚胎死亡、胎儿丢失或流产）；③配种失败（阴茎插入困难、拒绝公驼）；④生殖器畸形（外阴和会阴形态异常或病变、阴道分泌物异常等）。

（一）生殖器官先天性繁殖障碍

由于重复配种，影响卵子在输卵管中的运输（输卵管炎），损伤精子存活能力及在

骆驼繁殖学

子宫内的运行（子宫粘连、子宫内膜炎、子宫输卵管连接处梗阻）。不能完成交配是受精失败的常见原因，这常是由于阴茎未能插入或部分插入而未能射精所致。当存在阴道或阴道前庭异常（即部分或全部粘连或永久性非穿孔性处女膜）或公驼和母驼的外生殖器官大小存在差异时，会遇到插入困难。

在野外进行的一项研究中，由于管理失误，用于繁殖的45%的单峰驼母驼在卵巢上没有卵泡发育，或者只有小于9mm的卵泡。其他管理上的错误包括让母驼和一头未达配种年龄的公驼交配，或过度使用公驼等。

准确诊断重复配种的原因需要了解骆驼和驼群的病史，结合母驼的临床评估和实验室检查。初步检查应至少包括直肠触诊、超声波检查、阴道检查、子宫组织培养及子宫活检。临床评估的目的是确定母驼生殖道是否正常（无先天性和后天性畸形），卵泡发育情况，以及功能性黄体的发育能力。具体方法是通过采集交配后7~8d的血样，检测血清孕酮浓度来评估排卵和黄体功能。如果超声波检查未观察到卵泡发育，则需要进行雌激素测定。

（二）卵巢机能繁殖障碍

在管理良好的驼群中，排卵率在80%~90%。充分交配后仍排卵失败可能是骆驼反复配种的原因。排卵失败可能是由于交配时LH释放不足所致。这种LH释放不足可能是由于下丘脑-垂体功能紊乱或交配刺激作用减弱所致。对双峰驼的研究表明，一些母驼的排卵率低而导致繁殖率较低，其原因可能是精液中存在一种促性腺激素释放激素样因子，使母驼排卵率降低。羊驼中也有类似的现象。

（三）受精与妊娠性繁殖障碍

根据饲养条件的不同，单峰驼的早期胚胎死亡率通常在8%~32%。骆驼科动物胚胎死亡率如此之高的原因尚不清楚。由于早期胚胎丢失发生在妊娠第45天之前，因此在美洲驼和羊驼中常不被发现。骆驼科动物胚胎死亡的病理学原因包括遗传或环境因素，以及黄体功能障碍和子宫病理学原因，如感染或纤维化。另外，Yagil（1985）声称，导致胚胎早期死亡率高的原因之一是驼群近亲交配所致。

（四）生殖器官疾病性繁殖障碍

1. 卵巢和卵巢囊疾病 卵巢疾病，特别是卵巢-法氏囊粘连是造成大量单峰驼长期不孕的原因。

（1）卵巢囊肿 卵巢囊肿有两种类型，即卵巢内的囊肿（卵巢囊肿）如卵泡或黄体囊肿；卵巢组织外的囊肿，称为卵巢旁囊肿。事实上，"囊性卵巢"一词并不总是适用于骆驼科动物，因为骆驼是诱导型排卵动物，很大一部分（30%~40%）的母驼如果不配种，就会产生某种形式的卵泡囊肿。卵巢旁囊肿是位于卵巢或输卵管附近的阔韧带上充满液体的结构。卵巢旁囊肿可能是中肾管系统的残余物。这种囊肿可以是单个或多个，单侧或双侧，圆形或椭圆形，直径0.5~5cm（图5-1）。

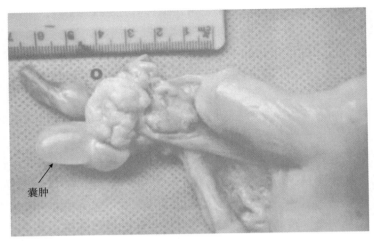

囊肿

图 5-1　卵巢旁囊肿（箭头所示）
（资料来源：Skidmore，2000）

卵巢囊肿是根据所涉及的结构和外观来描述的。囊肿根据其组织学和物理特征可分为卵泡囊肿、黄体囊肿和出血性囊肿。在双峰驼中只有卵泡囊肿，并且与不育有关。在 30%～40% 的母驼中，卵泡囊肿和出血性囊肿是非排卵卵泡的正常演变。卵巢囊性病变很容易通过超声波检查诊断（图 5-2），它们可以是单个或多个，直径可达 12cm，重量可达 250g。出血性囊肿的壁比卵泡性囊肿厚，具有类似血肿的特殊回声结构（图 5-3）。黄体囊肿通常是单个、厚壁、灰黄色，比卵泡囊肿小，它们起源于卵泡囊肿的黄体化，超声波检查比较容易识别这些黄体囊肿。两组标本卵巢囊肿液中雌激素和孕酮含量分别为 406.6pg/mL 和 458.1pg/mL、47.8ng/mL 和 65ng/mL。

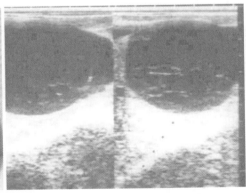

图 5-2　卵巢囊肿或未排卵卵泡
（资料来源：Skidmore，2000）

卵巢囊肿的标准治疗方法是首先用 hCG（5 000～10 000IU）诱导黄体生成，然后在 8d 后注射 $PGF_{2\alpha}$ 或其类似物。注射 $PGF_{2\alpha}$ 或其类似物后可能需要隔 24h 再次注射。因为有母驼排卵失败而又无排卵卵泡发育的趋势，所以应配种后注射 hCG。

（2）卵巢静止　卵巢卵泡发育不活跃是一种骆驼科动物常见的疾病。卵泡缺乏活

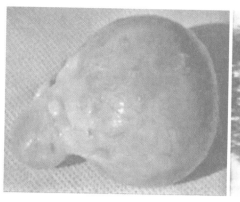
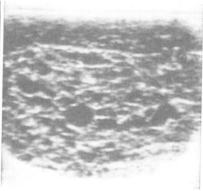

图 5-3　出血性卵泡/囊肿
(资料来源：Skidmore，2000)

性可能是由于先天性或后天性卵巢发育不全。卵巢活动受身体状况、哺乳期和母驼的役用情况等因素的影响较大。如刚从比赛中退役的母驼和身体状况得分较低（低于 3级）的母驼的卵巢活动减少。由于生殖器官或染色体异常也有可能导致卵巢发育不全。当卵巢功能静止或性腺功能减退时，通过直肠触诊和超声波检查，会发现卵巢非常小，通常只有正常大小的 1/3～1/2，而且坚硬，表面光滑。如果雌二醇水平很低，应该考虑卵巢发育不良。利用腹腔镜检查可以明确诊断卵巢发育不全。

（3）持久黄体　持久性黄体在母驼中很少见。没有妊娠的母驼血清孕酮水平的长期升高会导致出现这种情况。黄体功能的持续性（高孕酮浓度）并非是由于黄体的维持，而是由于出血卵泡的黄体化。

（4）卵巢囊炎　卵巢囊炎是卵巢囊的一种特殊疾病，其特征是卵巢内积聚了大量的液体并被包裹（图 5-4A）。当子宫收缩和卵巢触诊过程中遇到困难时，怀疑是这种疾病。在某些情况下，输卵管呈现严重扭转时，很容易通过触诊识别。卵巢囊及其内含物的超声波检查表现，取决于囊的大小、卵巢活动性和囊内液体的性质（图5-4B）。

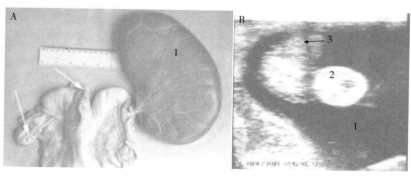

图 5-4　卵巢囊炎
A. 大量液体在卵巢囊内积聚，箭头指向左侧子宫周围粘连和输卵管炎
B. 超声波检查显示卵巢囊内有液体
1. 卵巢囊内液体　2. 卵巢　3. 子宫角
(资料来源：Skidmore，2000)

卵巢囊炎的病因尚不清楚，可能涉及法氏囊粘连、子宫感染或易感遗传因素。这种情况可能是由于慢性感染弯曲杆菌或布鲁氏菌。在单侧卵巢感染的情况下，可以通过手术切除感染的囊和卵巢来保住母驼的生殖寿命。

2. 输卵管疾病 在骆驼科动物中，输卵管最主要的病理是炎症，伴有脓液或输卵管积水的阻塞或积液。直肠触诊和超声波检查有助于诊断这些扩张的输卵管。由于液体积聚而引起的输卵管扩张，仅限于输卵管区域（图5-5）。在严重的情况下，卵巢和卵巢囊可能会受影响并相互粘连。然而，许多输卵管炎症或闭塞没有任何临床症状。对单侧输卵管病变的骆驼，如果另一侧输卵管没有病变，可以考虑手术切除。在单峰驼中发现其他输卵管病变如黏膜囊肿。随着微脓肿的发展，在输卵管连接处（输卵管乳头）也可见炎症病变，这种病变的诊断并不容易，需要对输卵管乳头进行内镜检查、诱导超数排卵和胚胎采集或腹腔镜检查。如果是双侧输卵管病变，预后都很差。

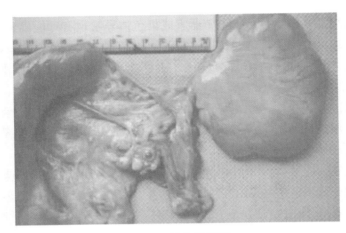

图 5-5 输卵管积液
（资料来源：Skidmore，2000）

3. 子宫疾病 骆驼科动物的子宫是先天性畸形和后天性畸形的易发生部位。其中最常见的先天性子宫畸形是分段性发育不全、子宫独角和幼稚型；后天性子宫异常主要是炎症和感染性疾病（子宫内膜炎）。分段性发育不全表现为生殖器官管状系统部分发育不足。管状生殖器后部（从子宫颈到处女膜）发生发育不全，通常是由于器官内液体积聚而导致子宫增大。子宫感染是导致不孕的最常见的后天性生殖问题。在大多数母驼中，子宫的初始感染会被子宫内的自然防御机制迅速处理和消除。然而，在一定比例的母驼中，这些机制部分或完全失效，从而导致感染的建立。

分段性再生障碍性贫血引起的致密黏膜瘤的超声图像见图5-6。

（五）产科疾病

1. 流产和死胎 不同国家骆驼布鲁氏菌病的发病率见表5-1。虽然驼羔在11月龄

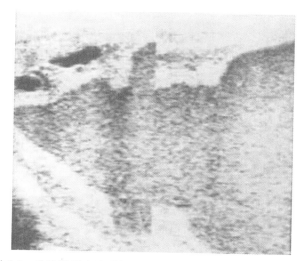

图 5-6　分段性再生障碍性贫血引起的致密黏膜瘤的超声图像

（资料来源：Skidmore，2000）

时就对布鲁氏菌有抵抗力，但产后母驼可感染驼羔。如果是通过上述途径感染，那么将 7～8 月龄的驼羔与阳性母驼分开，有助于控制布鲁氏菌的感染。

表 5-1　不同国家骆驼群中布鲁氏菌病的发病率

国家	发病率（%）
苏联	15.0
乍得	3.8
埃塞俄比亚	5.5
埃及	10.3～26.0
苏丹	1.75～5.75
肯尼亚（东北部）	14.0
尼日利亚	1.0
印度	1.8
突尼斯	3.8～5.8

资料来源：Higgins，1986。

　　其他地方病对骆驼流产的总发病率也会造成重要影响。Mukasa Mugerwa（1981）报道，锥虫病是导致骆驼全身虚弱和流产的一种主要疾病。巴氏杆菌病和沙门氏菌病也是引起骆驼流产的疾病。骆驼流产的其他原因包括发热，如肺炎和骆驼痘或神经兴奋。

　　2. 难产　Arthur 等（1985a）指出，骆驼难产的发生率很低。胎儿难产的原因包括腕关节弯曲、头侧向偏离、飞节和髋关节屈曲，后位不常见。胎儿和骨盆的比例失调、胎儿畸形和横位比较罕见。对母驼而言，子宫收缩乏力的发生率比较少见。在处理骆驼难产时，发现头和四肢的伸展比母牛更难实现。然而，骆驼的难产胎儿比马的更容易存活，且骆驼适合采用剖宫产，必要时也可以使用蒂根森胚胎切割进行胎儿的切除。在左侧子宫角进行剖宫产时，可用甲苯噻嗪镇静和局部麻醉或浸润麻醉。总之，骆驼难产率较低，胎衣不下也不常见。据报道，可按母马所用方法处理骆驼胎衣不下，特别应注意无菌操作，并敷用青霉素。

3. **阴道脱垂** 骆驼发生阴道脱垂是自由摄食苜蓿和大麦所致。和母羊、母牛一样，阴道脱垂是一种妊娠后期的症状。处理阴道脱垂的方法是将阴道复位后，用一张网将其捆在驼体上，施加压力于会阴处以固定阴道。手术处理时，可采取硬膜处麻醉和用于牛的外周皮下外阴缝合法进行处理。

(六) 其他繁殖问题

Mukasa Mugerwa（1981）定义繁殖能力为公驼和母驼产生有活力的生殖细胞，交配和妊娠，然后产下活驼羔的能力。一个建立精确的繁殖率数据的重要方法是保持记录和良好的管理。现有资料表明，驼群的繁殖率可能低于50%，在牧场条件改善的情况下，繁殖率可能高达65%。在沙特阿拉伯，Arthur等（1985b）报道，骆驼繁殖率为80%～90%，不育率约为1%。Yagil（1985）观察到骆驼高达100%的繁殖率。营养不良和放牧草场不良是导致母驼和公驼性活动减少的重要原因。锥虫病、肺结核、疥疮、胸膜肺炎等使机体衰弱的疾病都会影响骆驼的繁殖率。促性腺激素分泌不足，会影响卵泡发育和随后的排卵，进而降低骆驼的繁殖率。关于母驼生殖器官的菌群，Zaki和Mousa（1965）从屠宰母驼的正常生殖道中分离出棒状杆菌、类炭疽杆菌、小球菌、gaffkya和革兰氏阴性杆菌。Eidarous等（1983）在母驼生殖器官内发现了大肠杆菌和葡萄球菌。Nawito（1973）研究了2075头来自开罗屠宰场的单峰驼子宫的细菌，发现94例（4.53%）出现子宫内膜异位囊肿、卡他性子宫内膜炎、出血性子宫内膜炎、子宫积脓等临床症状，以金黄色葡萄球菌为主。此外，又从有临床症状的母驼子宫中分离到β-溶血性链球菌、大肠杆菌和绿脓假单胞菌。

二、公驼繁殖障碍

目前，公驼繁殖健康检查的参数包括睾丸大小、睾丸一致性、阴茎伸展能力以及射精量和产生精子的能力。在繁殖季节，成年公驼的阴囊周长应为34cm左右。睾丸应具有弹性且无疼痛。公驼生殖道的每一个部分都可能发生先天性或后天性病变，需要加以识别。

(一) 阴茎和包皮病理学

在公驼阴茎和包皮的异常中，最常见包皮肿胀、嵌顿包茎、包茎和尿石症。

1. **包皮肿胀** 公驼包皮肿胀是由于接触化学或物理药剂、寄生虫（蜱虫）感染、外伤或尿道破裂引起的局部炎症所致，也见于急性锥虫病（图5-7）。包皮损伤很少发生在管理良好的驼群。对包皮肿胀区域的所有伤口进行充分的临床处理，可防止粘连的形成和并发症的发生。治疗需要切除阴茎（阴茎截肢）。

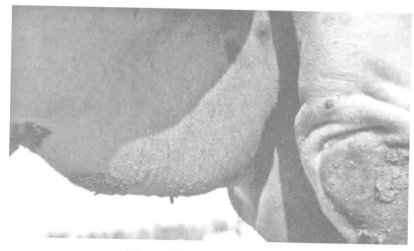

图 5-7　单峰骆公驼的包皮肿胀
（资料来源：Skidmore，2000）

2. 嵌顿包茎　指阴茎不能缩回包皮鞘，在骆驼中罕见。然而，在交配时可以观察到阴茎头有一个小突起。轻度包茎可导致龟头炎，有时龟头尖端坏死，可能需要对尖端进行切除，并使用抗生素和消炎药。用抗生素和消炎药治疗可以在一周内治愈。如果出现严重粘连和坏疽，可能需要外科清创、尿道切除和阴茎截肢。

3. 包茎　即包皮口狭窄，会妨碍骆驼交配时阴茎的外展。多数动物都可发生，各种损伤均可引发本病。由于包皮附着物的存在，2 岁以下的年轻美洲驼和羊驼不能将阴茎外展是正常的。包茎严重时影响排尿，继发龟头包皮炎，引起败血症，并可能致死。骆驼初情期后，由于先天性的包皮开口小或存在病变（脓肿、结节），可能引发一些疾病。不论何种原因导致的包茎，均可在包皮口下侧向后方做楔形切口，切除一部分皮肤、筋膜和黏膜，然后将切口处黏膜和皮肤缝合。

4. 尿石症　雄性骆驼科动物在低温中会发生尿石症。这些结石大多数发生在尿道远端或乙状结肠弯曲处。患有尿石症的动物可能表现出腹部不适的症状，且症状变得越来越频繁出现。在病情后期，动物变得嗜睡和厌食。骆驼健康恶化通常意味着膀胱破裂和腹膜炎。无法实施导管插入术，而应该进行阴茎吻合术。在单峰驼中，尿道梗阻常与慢性尿道炎或结石，或配种骆驼用绷带机械压迫尿道引起的尿道内粘连有关。如果发生这种情况，3d 必须进行尿道切开术，否则易引起症状的恶化。

（二）睾丸和阴囊病理学

骆驼的阴囊和睾丸病理可以是后天性的（外伤、鞘膜积液、睾丸炎、变性等）或先天性的（发育不全、隐睾等）。

1. 睾丸和阴囊创伤　被其他公驼咬伤导致的阴囊创伤是单峰驼公驼最常见的疾病。公驼生殖活动的预后取决于阴囊损伤的程度。阴囊皮肤没有裂伤则可以闭合，而唯一可见的变化是由于水肿和/或睾丸出血引起的阴囊肿大。这种情况应与睾丸炎或鞘膜积液相鉴别,通过对睾丸的触诊和超声波检查,很容易做出鉴别诊断。深部撕裂伤常伴有睾丸出血和睾丸血肿(图5-8)。

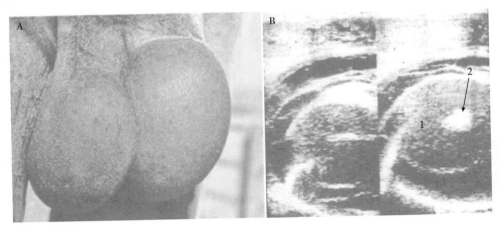

图5-8　单峰驼公驼睾丸血肿
A. 右侧睾丸血肿　B. 超声波检查结果
1. 睾丸　2. 右侧睾丸,箭头指向回声很强的睾丸网
(资料来源:Skidmore,2000)

2. 鞘膜积液　是指在鞘膜的内脏层和体壁层之间异常聚集的各种液体。发生鞘膜积液时阴囊下垂并增大。阴囊不痛,睾丸在阴囊内通常是游离的,积液可以被隔离在一个区域。通过阴囊超声波检查,很容易找到液体(图5-9)。鞘膜积液也可能是由高温和热应激引起。一些公驼在炎热季节可观察到鞘膜积液,这是全身性水肿疾病的一种病理变化。羊驼阴囊积液是由于腹股沟外围存在脓肿所致。长期积水影响睾丸的温度调节,会降低精液的质量和数量。鞘膜脓性阴囊或脓液积聚在单峰驼中已有报道,此时的公驼很痛苦,步态变得很僵硬。

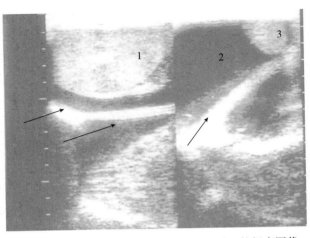

图5-9　单峰驼公驼鞘膜积液(箭头所示)的超声图像
1. 正常睾丸实质　2. 液体　3. 附睾尾
(资料来源:Skidmore,2000)

3. 睾丸炎　由丝虫感染引起的寄生虫性睾丸炎（伊氏锥虫）在单峰驼中已有报道。丝虫感染在潮湿地区最为普遍，在干旱地区非常罕见。急性睾丸炎在单峰驼中也有报道。在大多数情况下，用全身抗生素治疗感染性睾丸炎无效。对单侧睾丸患病的优良公驼来说，阉割患病侧睾丸可以增加挽救未患病睾丸的机会，并能延长公驼的生殖寿命。

4. 睾丸发育不全与退化　睾丸退化可能是老年公驼不育的最常见原因。睾丸退化的发生率随着公驼年龄的增长（在单峰驼大于 20 岁）而增加。阴囊和睾丸损伤，如血肿和鞘膜积液，也会增加睾丸退化的发生率。退化的睾丸比正常的小，或软或硬，呈纤维状。部分或全部睾丸发育不良，在骆驼科动物中也有报道。在单峰驼中，屠宰公驼睾丸发育不良的发生率约为 1.6%。组织学研究显示，睾丸发育不良则曲细精管小，无精子发生。睾丸活检是诊断睾丸发育不良的有效方法。

5. 隐睾症　隐睾症或睾丸下降至阴囊失败在骆驼科的动物中相对罕见，但在骆驼和羊驼已有报道。隐睾可以是单侧或双侧的，当会阴检查显示阴囊扁平或缺失时，可确定为隐睾。滞留的睾丸可以在腹腔内，也可以在腹股沟管内，靠近乙状结肠弯曲处。隐睾是一种遗传性缺陷，因此，不建议采取促进睾丸下降的治疗。隐睾和阉割的鉴别诊断可以通过 hCG 或 GnRH 刺激试验来区分。

6. 睾丸肿瘤　睾丸肿瘤在骆驼科动物中的报道很少。精原细胞瘤似乎是最常见的单峰驼睾丸肿瘤。

（三）附睾病理学

目前，国内外关于骆驼科动物附睾病理学的报道较少。骆驼科动物附睾囊肿通常是由于部分发育不全导致。附睾炎伴随睾丸尾部增大见于丝虫感染的某些病例，也可与睾丸炎有关。对于单侧附睾感染的骆驼科动物，最好的治疗方法是半阉割。

（四）其他导致不育的病理问题

其他最常见的问题是性欲缺乏或下降，以及射精问题和不明原因的不育。骆驼缺乏性欲可能与激素分泌失调、高温、压力和衰弱性疾病有关。单峰驼性欲下降可能是由急性全身性疾病引起，如出血性疾病和锥虫病。精子发生减少和睾丸发育不全常见于竞赛单峰驼，尤其是用合成代谢类固醇治疗的单峰驼。在公驼不育中，尤其是过度使用和年老的公驼，其精液质量低于标准。

第三节　提高骆驼繁殖力的措施

提高骆驼繁殖效力有两个主要目标，即骆驼遗传改良和提高驼群的数量和繁殖力。影响驼群生产力的主要参数有公驼和母驼的繁殖率、产羔间隔以及胚胎和驼羔的存活率。一方面，已取得的骆驼繁殖力方面的主要研究进展有妊娠诊断和胎儿监测的管理，刺激公驼性欲的机制，生殖器畸形的骆驼的淘汰制度，产犊（初乳的分配）和断奶的管理，对农场一般卫生条件的改进，健康管理（疫苗接种、寄生虫预防）和辅助生殖技术的应用，如人工授精和胚胎移植。另一方面，繁殖力的提高在国家层面的组织工作尚不足。例如，没有真正的生产性能控制确定具有最佳生产性能的亲本，除了一些大型骆驼场，几乎没有骆驼繁殖性能的数据记录，甚至没有制定缩短产羔间隔的策略。此外，农民、兽医及技术人员的知识储备和技术能力，仍然不足以改进骆驼繁殖性能，且无法从国家层面上监测骆驼繁殖性能的提高水平。人口统计学模型，如Leslie模型，可以帮助理解如何提高骆驼生产力，降低驼羔死亡率，提高繁殖力和缩短产羔间隔。

一、加强宣传

骆驼繁殖力低是骆驼繁殖和骆驼生产的一大障碍。为了提高骆驼种群的出栏率，必须提高该种群的繁殖力。这种繁殖力的改进，需要通过对牧户开展必要的宣传工作，让他们理解只有通过饲养产奶、产肉、产羔等生产性能良好的后备骆驼，才能获得更高的生产效益。

二、推广繁殖技术

人工授精和胚胎移植技术在骆驼中的开发和应用存在一些技术限制，这些技术限制与骆驼精液的自身生物特性有关，因骆驼精液非常黏稠，所以很难处理。此外，目前还没有一套成熟的方法可以对骆驼精液进行深度冷冻，这进一步限制了人工授精技术在骆驼中的应用和推广。此外，这些繁殖生物技术的应用仅限于研究站，或一些大型集约化奶骆驼场，还没有在一般牧场得到应用。其他技术上的改进也有可能提高骆驼繁殖力，例如，对骆驼自然交配的管理、使用超声波检测进行妊娠诊断、通过更好的环境管理刺激公驼性欲、淘汰生殖器畸形或屡配不孕的骆驼、加强农场的卫生管理、在分娩和断奶期间控制初乳的分配，以及通过疫苗接种和疾病预防，对驼群实施良好的健康管理。

三、做好管理和培训工作

关于野外青年骆驼的繁殖性能、产奶量和生长性能的数据明显缺乏。因此，有必要制定一项国家骆驼生产性能调控体系，其中应包括：①登记骆驼生产数据，如生长性能和产奶量；②建立具有高遗传潜力的骆驼核心群；③建立精液和胚胎采集中心和改良胚胎的分配系统。

繁殖方面的技术创新还需要在提高兽医师、技术人员和农场农民的专业水平方面进行增加投入，包括：①针对与繁殖有关的骆驼疾病（诊断和治疗），对当地兽医服务部门的技术人员进行培训；②对从事一些基本治疗和分发某些药物的骆驼养殖者进行培训和给予支持；③与骆驼养殖户定期举行会议，了解一般卫生、良好的实训和繁殖管理方面的信息。

四、使用牲畜统计模型

牲畜统计学是评估种群数量的一种重要方法。牲畜结构统计是用于评估管理对畜群生产的影响或评估不同条件下的家畜种群动态。骆驼的生产力主要由驼羔的存活率和成年骆驼的繁殖力决定。然而，在驼群中，很难同时处理骆驼繁殖力和驼羔存活率的问题，此时就需要使用牲畜统计模型。

在一个畜群或一个国家，动物统计学是根据性别（雌性和雄性）和年龄、动物转入（出生、购买或进口）和转出（死亡、出售或出口）来建立初始模型（Lesnoff，2011）。可以将动物按照年龄段分为青年、后备和成年三类，每类动物的实际年龄取决于物种和管理性质（Lesnoff，2008）。这种分类中，只有成年雌性才有可能繁殖。不同年龄段的动物数量取决于死亡率、出生率、屠宰率、采食量和国家层面的进出口数量（图 5-10）。

所使用的模型是用于评估骆驼潜在的增长和收入而做成的 Excel 表格下的一个应用程序（Alzuraiq，2015），并基于 Lesnoff 等所描述的 Leslie 模型（Lesnoff，2013）。牧户掌握的有关驼群数据（死亡率或妊娠率）决定模型的参数。尽管时间间隔是骆驼繁殖的一个重要特性，计算驼群繁殖的时间间隔会导致缺乏潜在季节变化表示的年份。然而，骆驼的繁殖周期大约为两年（一年妊娠期，一年哺乳期，两年产羔期间隔），以年为间隔比较合理。另外，由于骆驼寿命长，可以将其年龄分为 0～1 岁、1～2 岁、2～3 岁、3～4 岁（后备）和成年。对未来几年的预测，目前的模型没有考虑环境的可

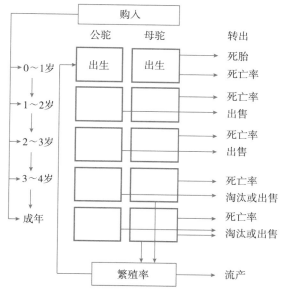

图 5-10　骆驼场牲畜统计事件的分解图
（资料来源：Faye，2018）

变性，因此资源（饲料、水）、疾病或经济限制（市场价格）的影响没有包括在内。这个模型中的牲畜统计事件如图5-10所示。

模型中保留的不同参数的范围如下：产羔率（产羔数/妊娠母驼数）为80%～90%，性别比（母驼数/公驼数）为80～120，死亡率在0～1岁为5%～30%、1～2岁为0～15%、2～3岁为0～10%、3～4岁为0～5%，成年死亡率为0～5%，妊娠率为70%～95%，按年龄划分的公驼淘汰率为5%～60%、母驼淘汰率为5%～15%，平均泌乳期为300～400d。该应用程序还包括一些经济参数，如年产奶量增长率（1%～10%）、个体日平均产奶量（5～10 L）、驼奶销售价格、年通货膨胀率、驼奶销售比例等。用一个Excel表格和10年的牲畜统计预测建立驼场的应用程序。

五、驼场管理对数字生产力评估

驼场模型有助于评估改进管理的影响因素（即降低死亡率、增加妊娠率、改善淘汰或出栏管理以及提高产奶量）、数字化生产力和驼场收入。例如，最初驼群规模是100峰，其中有36峰母驼，在90%的妊娠率、10%的流产率、青年公驼50%的出栏率、成年母驼10%的淘汰率、性别比为100的情况下，如果0～1岁年龄段的死亡率为20%，则下个年龄段死亡率为5%，未来10年驼群增长率为3.9%（图5-11）。

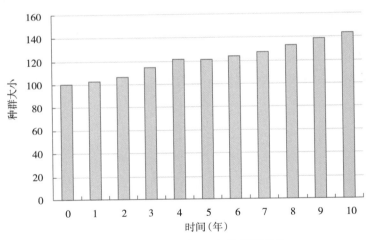

图 5-11　某驼群未来10年的规模变化

（资料来源：Faye，2018）

在0～1岁死亡率为10%、年繁殖力增加5%（从0.4增加到0.45）的情况下，驼群的年增长率提高1.27%，这将使年增长率从4.18%提高到5.45%。与此同时，驼奶年收入增加了12 165Dhs（增长10.5%）。当死亡率达20%和繁殖率提高5%时，出现相似的驼群增长（1.18%）和驼奶收入增加（12 781Dhs，即增长11.2%）。当繁殖比为0.45时，驼羔（0～1岁）死亡率下降，存活率提高0.45%；当繁殖比为0.40时，存活率提高0.36%。驼奶年收入分别为+991（增长0.7%）和+1 065Dhs（增长0.9%）（表5-2）。

表 5-2　随着管理水平的提高，数字生产力和驼奶收入的变化

项目	种群增长	收入	种群增长	收入
	0～1 岁死亡率 10％		0～1 岁死亡率 20％	
繁殖率提高 5％	＋1.27％	＋12 165Dhs	＋1.18％	＋12 781Dhs
	年繁殖比 0.45		年繁殖比 0.40	
存活率提高 10％	＋0.45％	＋991Dhs	＋0.36％	＋1 065Dhs

资料来源：Faye，2018。

妊娠率对驼奶收入的影响似乎比死亡率重要。未来 10 年的收益是 90％妊娠率的 10 倍，而不是 80％妊娠率的 7 倍，而 0～1 岁死亡率从 20％下降到 10％并没有显著改变预期的驼奶收入。Lesnoff（2013）指出，此类应用程序有助于决策和管理骆驼场（如通过预测预期收入），但根据决策者的目标，也可以使用其他应用程序。因为可以量化对骆驼繁殖力的操控，所以牲畜统计模型有助于管理者在成本效益分析方面做出正确的决定。

六、控制繁殖疾病

各种地方病，特别是寄生虫疾病会严重影响骆驼的生产力和繁殖性能。另外，疥癣是一种严重影响骆驼的疾病，其除了对骆驼繁殖性能具有不可估量的负面影响外，还会给骆驼绒毛和皮质的生产力造成巨大损失。

第六章

CHAPTER 6

骆驼泌乳与哺乳

骆驼的泌乳性能很少受到热应激、饲料供应不足和缺水的影响。乳腺功能对新生驼羔的健康和生长非常重要。乳汁产生过程包括乳腺的发育、腺泡上皮细胞的分泌以及乳腺的排乳。骆驼的乳房特征、乳腺结构与发育过程、泌乳的发动与维持、哺乳以及乳汁的成分与其他乳用动物不同，而且骆驼乳房的生理和疾病是其生殖和生产的一个重要方面。

第一节　骆驼的泌乳

一、乳腺的基本结构

乳房和乳头构象是评估泌乳期骆驼产奶性能的关键指标之一，而检测乳房和乳头形状有助于开发机器挤奶，发育均匀的乳房形态可获得理想的产奶量。报道显示，骆驼乳房和乳头的测量结果不尽相同，需要特殊的测量标准。泌乳期骆驼的乳头大小和体积有明显的变化。为提高骆驼的产奶量，须确定泌乳期骆驼乳房和乳头的形态评估体系以及其与产奶量的关系。

（一）骆驼乳房的解剖结构

母驼的乳房分为4个乳区，即2个后乳区和2个前乳区。每个乳区由2个或3个独立的单元组成，每个单元通向各自乳头内的乳头管。这意味着骆驼的乳腺至少有8（4×2）个独立的泌乳单位（Wernery，2006）。与其他乳用动物一样，骆驼在哺乳或挤奶期间，乳汁会积聚在乳房的两个隔室，即乳池（包括乳头和乳腺池以及大乳管等）和腺泡（腺泡和小乳管等）（图6-1）。然而，骆驼的乳房池不存在或体积很小，因此只有少量的乳池（4%～10%）可用，腺泡部分较大（90%～95%）。与泌乳早期和中期相比，

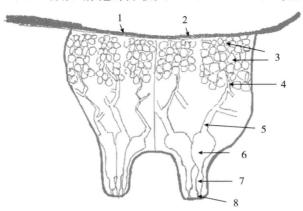

图6-1　母驼1/2乳房的结构示意

1. 前乳区　2. 后乳区　3. 腺泡　4. 小乳管　5. 大乳管　6. 乳腺池　7. 乳头池　8. 乳头管

（资料来源：Kaskous，2018）

泌乳后期的乳池内乳量减少（Atigui 等，2014a）。腺泡是由大小不等的小泡形成的小叶-腺泡系统。腺泡的上皮细胞（扁平到柱状上皮）根据泌乳阶段和腺体的分泌活动表现出很大的变化。干乳期母驼，每个小叶的肺泡数量和大小减少，实质组织退化，腺泡间隙充满间质结缔组织。通过哺乳、人工挤奶和机器挤奶可以立即排出池中的乳汁，而腺泡内的乳汁在诱导排乳反射后，在催产素的作用下，腺泡内的乳汁主动流入乳池。因此，骆驼理想的机器挤奶方式是在诱导排乳反射后，乳头开始肿胀时，将乳头和挤奶机器连接起来（Eberlein，2007）。

在初情期前和未产母驼中，只有小乳头可见，因为乳腺组织直到第一次妊娠结束才开始发育。泌乳高峰期，乳房增大，静脉回流良好。骆驼乳房的每个乳区都有自己的乳头。乳房的左右两侧也被中间韧带隔开，之间通常可见一条凹槽，而前部和后部被分隔得更加明显。乳区的侧面被来自腹膜和腹壁尾部的组织覆盖。朝向前腹的乳头有两个开口（图 6-2）。乳房的构造可以根据品种、年龄和泌乳阶段而改变。

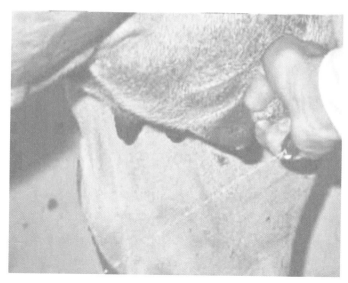

图 6-2　泌乳期单峰驼的乳房
注：前乳头有两个开口
（资料来源：Skidmore，2000）

（二）骆驼乳房测量指标

据 Ayadi 等（2013）报道，可以对骆驼乳房进行以下测量（图 6-3）：

1. **乳房深度**　指从乳房基部到乳头附着最低点的距离。
2. **乳房高度**　指从地面至乳头基部的距离。
3. **乳房长度**　指乳房的前附着点和后附着点之间的距离。
4. **乳头长度**　指乳头基部至乳头末端的长度。
5. **乳头直径**　指用卡尺测量的乳头中部的直径。

6. **乳房周长**　指通过将乳房周围的卷尺测量的 4 个乳区的最大直径。

7. **乳头分离**　指前乳头和后乳头末端之间的距离。

8. **乳头末端到地面距离**　指乳头末端到地面的垂直距离。

9. **腹下静脉直径**　指用游标卡尺测量的距离乳房 20cm 处腹下静脉的直径。

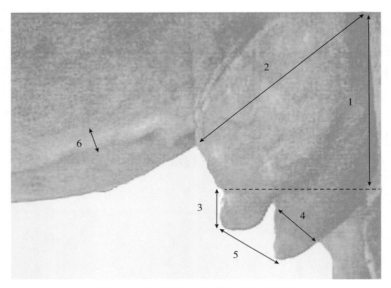

图 6-3　单峰驼乳房和乳头形态的测量
1. 乳房深度　2. 乳房长度　3. 乳头长度　4. 乳头直径　5. 乳头之间的距离　6. 腹下静脉直径
（资料来源：Abd-Elgadir，2018）

（三）骆驼乳房形态和类型

1. 外部测量　为了提高单峰驼的产奶量和机器挤奶量，必须对其乳房和乳头进行测量评估。对于强化系统中的外部乳房测量，Ayadi 等（2013）分别记录了骆驼乳房深度（44.50±0.64）cm、乳房长度（49.68±0.90）cm、乳房高度（107.48±1.44）cm、乳头距离（9.69±0.64）cm 和乳静脉直径（2.31±0.09）cm。Eisa 等（2010）记录骆驼乳房深度、周长、垂直半周长和乳房大小分别为（16.9±2.5）cm、（91.4±10.0）cm、（52.0±5.6）cm 和（1 559.5±388）cm^3。乳房前后高度分别为（111±7.1）cm 和（110±7.6）cm。前后乳头长度分别为（4.3±1.4）cm 和（4.4±1.5）cm，右侧乳头间距为（3.1±1.8）cm，左侧乳头间距为（3.0±1.5）cm。然而，乳头的平均长度是3.2cm，而乳头的平均直径在底部是 1.4cm，在顶部是 0.8cm，前乳头之间的距离大于后乳头。

2. 内部测量　根据 Rizk 等（2017）的研究，母驼乳房的每个乳区都有两个独立的泌乳系统，它们之间没有外部界限（图 6-4）。

Atigui 等（2016）指出，超声波测量的乳头长度明显高于游标卡尺测量的乳头长度。然而，没有发现乳头内外径之间的差异。Szencziova-Iveta（2013）在奶牛中，通过超声波测定了挤奶前后乳头的内部差异，在挤奶前后测得的乳头管平均长度、

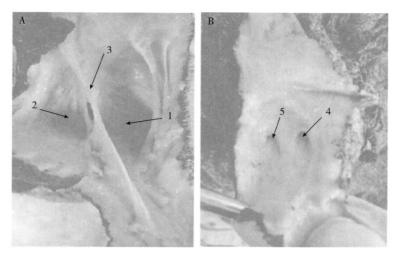

图 6-4　母驼乳房和乳头内部结构

A. 乳房的乳腺池　B. 乳房的乳头池

1. 前腺池腔　2. 后腺池腔　3. 球形乳房　4. 前乳头池　5. 后乳头池

（资料来源：Abd-Elgadir，2018）

乳头直径和乳头壁厚度分别为 10.73mm、13.13mm，0.66mm、0.78mm，6.09mm、8.51mm。

评估骆驼乳房和乳头的形态时，用数码相机在骆驼的左侧从相同的距离和角度拍摄重复图像，将拍摄的清晰图像直接存储于电脑，评估乳房和乳头的形态，作为一个完整的乳房和乳头的测量数据与产奶量相对应。乳房形状为下垂形、梨形和球形，而乳头呈瓶状、圆柱状和漏斗状（图 6-5）。

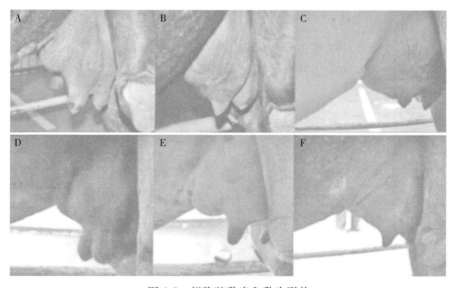

图 6-5　奶骆驼乳房和乳头形状

A. 下垂形乳房　B. 梨形乳房　C. 球形乳房　D. 瓶状乳头　E. 圆柱状乳头　F. 漏斗状乳头

（资料来源：Bhutto，2010）

二、产奶量与乳房形状的相关性

Abd-Elgadir（2018）报道，骆驼泌乳中期其产奶量与乳房深度、乳房长度、乳房周长、乳头长度、前乳头间距离呈正相关（$P<0.05$）；乳房高度与泌乳中期产奶量呈负相关。哺乳中晚期乳头长与乳头直径呈正相关（$P<0.0001$）；乳房深度与乳房长度和周长呈正相关（$P<0.0001$）。哺乳期各阶段乳头长度与乳头直径的关系呈显著正相关（$P<0.0001$）；乳头长度与乳房高度呈高度负相关。乳房长度、乳房深度、乳房周长、乳头长度和泌乳中期乳头间距离呈显著正相关（$P\leqslant0.05$）。泌乳期各个阶段乳头直径与前后乳头长度呈高度正相关（$P\leqslant0.0001$）。

第二节　骆驼泌乳的发动、维持和哺乳

发动泌乳主要与骆驼分娩前后血液中激素的浓度变化有关。泌乳发动后进入维持阶段，即进入泌乳期。母驼泌乳期的长短受很多因素的影响。

一、泌乳的发动

大量研究表明，分娩前后母驼血中出现的催乳素对泌乳的发动有直接作用。妊娠期间，由于黄体产生大量孕酮，反馈性抑制了垂体催乳素的分泌，并使乳腺对催乳素的敏感性下降。另外，血中高浓度的孕酮水平还会抑制雌激素对催乳素分泌的刺激作用，也使催乳素水平下降。妊娠末期，特别是临近分娩前，妊娠黄体溶解，胎盘激素分娩能力降低，血液中孕酮水平显著下降，对催乳素和雌激素的抑制大大减弱或完全消失，使乳腺对催乳素的敏感性显著增加，导致雌激素水平上升，血中催乳素出现峰值，从而发动泌乳。

二、排乳

（一）排乳的过程

Yagil 等（1999）将骆驼的挤奶过程分为以下阶段：

1. 刺激期　从驼羔吮吸 4 个乳头开始，到乳头形状和大小发生变化为止（乳头肿胀）。这个阶段大约需要 1.5min。

2. 注入期　从乳头形状和大小发生变化开始，到停止泌乳反射为止。在此期间可以挤奶。这个阶段大约需要 1.5min。

3. 剩余时期　从乳头恢复正常尺寸开始，到母驼离开驼羔或挤奶者为止。

（二）排乳的反射性调节机制

乳汁在腺泡上皮细胞内生成后，分泌进入腺泡腔和细小乳导管。经过肌上皮细胞和导管平滑肌的反射性收缩，将乳汁送到乳导管和乳池，再经过新生驼羔的吮吸或挤奶排出体外的过程，称为排乳。

排乳是一个复杂的反射过程。新生驼羔的吮吸或挤奶可以刺激乳头和皮肤上的神经感受器，从而产生神经冲动，沿感觉神经传入脊髓，经丘脑最后到达下丘脑的视上核和室旁核，通过下丘脑-垂体神经束促使垂体后叶释放催产素。催产素经血液循环系统，到达乳腺腺泡周围的肌上皮细胞和导管周围的平滑肌细胞，使其收缩，从而引起乳汁外排（图6-6）。由此可见，排乳反射是通过神经-体液途径完成的，也称为神经-内分泌反射。排乳反射要比单纯的神经反射要慢，这是因为垂体后叶的催产素经血液运输至乳腺需要时间。

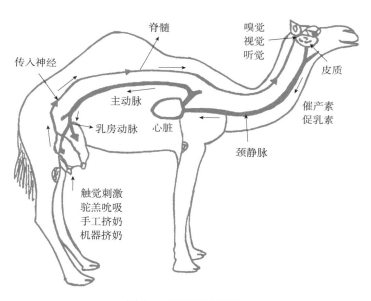

图6-6　骆驼泌乳反射
（资料来源：Kaskous，2018）

Yagil等（1999）报道，仅用手按摩不会引起乳汁排出，而驼羔哺乳和手按摩对乳头的影响比单纯吮吸要快得多。然而，在一些对牛的研究中发现，陌生人的手或挤奶机并不容易被牛接受（Costa和Reinemann，2004）。Eberlein（2007）通过在骆驼身上使用机器挤奶表明，用手预刺激60~120s，直到骆驼乳头肿胀，才能使骆驼有效地开始排乳。众所周知，在实际条件下，对泌乳的抑制或干扰发生在神经系统的中枢或外周水平。因此，挤奶条件对排乳的调节有影响（Tancin等，2001）。骆驼的产奶能力受其精神状态的影响，也就是说，骆驼的遗传基础越好，其生产力和产奶能力越强。在一些国家，显示出挤奶机在骆驼挤奶中的良好效果，且没有抑制乳汁排放。同时，挤奶机挤奶后乳房完全排空和排乳反射的问题得到改善（Nagy和Juhasz，2016）。研究表明，在某些情况下，注射特定剂量的催产素可能是一种有用的方法，可在驼羔死亡的情况下进行诱导排乳。当按摩等刺激不会诱导排奶时可以采用此方法（Yagil 等，1999）。

第三节 骆驼奶的生物学特性及影响因素

一、骆驼奶的理化特性

驼奶颜色为不透明的白色，易起泡，甜而鲜美，但有时味道略咸。不透明的白色是因为脂肪在整个乳汁中被匀质化，而驼奶味道随饲料的类型和饮水而发生变化（Yadav 等，2015）。其相对密度范围为 1.026～1.035，pH 为 6.2～6.5，均低于牛奶，总的来说，骆驼奶中蛋白质的平均含量为 3.4%、脂肪 3.5%、乳糖 3.3%、灰分0.79%、水 87%（表 6-1）。骆驼奶的成分因地理来源和公布数据的年份不同而不同，但其他因素如生理阶段、饲养条件、季节变化、遗传或健康状况等也是重要影响因素。

表 6-1　不同物种乳汁化学成分（%）

物种	水分	蛋白质	脂肪	灰分	乳糖
骆驼	86～88	3.0～3.9	2.9～5.4	0.6～0.9	3.3
奶牛	85～87	3.2～3.8	3.7～4.4	0.7～0.8	4.8～4.9
水牛	82～84	3.3～3.6	7.0～11.5	0.8～0.9	4.5～5.0
绵羊	79～82	5.6～6.7	6.9～8.6	0.9～1.0	4.3～4.8
山羊	87～88	2.9～3.7	4.0～4.5	0.8～0.9	3.6～4.2
人	88～89	1.1～1.3	3.3～4.7	0.2～0.3	6.8～7.0

资料来源：Jilo，2016。

乳的理化性质测定是测定乳成分浓度和评价乳制品质量的重要手段。Gakkhar 等（2015）比较了骆驼奶的各种理化性质，包括不同物种奶的脂肪、蛋白质、冰点等（表 6-2）。

表 6-2　几种动物乳汁的理化性质比较

物种	相对密度	冰点（℃）	乳酸（%）	颜色	脂肪（mg/g）	蛋白质（mg/g）
水牛	1.032	−0.549	0.162	乳白色	65.3	43.5
骆驼	1.014	−0.535	0.216	深白色	36.1	30.2
奶牛	1.030	−0.547	0.180	淡黄或白色	41.5	32.3
山羊	1.028	−0.542	0.135	白色	45.2	33.4

资料来源：Gakkhar，2015。

二、骆驼奶的营养和医学价值

（一）营养价值

骆驼奶比牛奶更有营养，其脂肪和乳糖含量较低，钾、铁和维生素 C 含量较高。骆驼奶富含牛奶中所有维持人体健康必需的营养成分。骆驼奶的价值主要与其化学成分有关，而且乳成分的差异很大。Mal 等（2006）报道，骆驼奶脂肪含量为 2.6%～3.2%；Konuspayeva 等（2008）报道单峰驼、双峰驼和杂种驼奶脂肪含量平均为 3.82g/100mL。Wernery（2007）报道，驼奶中的一些不饱和脂肪酸含量比牛奶高，并且不存在对骆驼奶的乳糖不耐受现象。与奶牛、水牛和羊的乳脂相比，骆驼乳脂含有较少的短链脂肪酸。Khan 和 Iqbal（2001）分析驼奶的成分，脂肪为 2.9%～5.5%、蛋白质为 2.5%～4.5%、乳糖为 2.9%～5.8%、灰分为 0.35%～0.90%、水为 86.3%～88.5% 和无脂肪固体（SNF）8.9%～14.3%。驼奶中两种主要的蛋白质是酪蛋白和乳清蛋白。蛋白质总量分别为 2.15%～4.90%，平均为 3.1%（Konuspayeva 等，2008）。酪蛋白是骆驼乳中的主要蛋白质，在单峰驼乳中的含量为 1.63%～2.76%，占总蛋白质的 52%～87%（Khaskheli，2005）。此外，骆驼奶中 β-酪蛋白的浓度比牛奶高，而 κ- 和 α-酪蛋白的浓度比牛奶低。酪蛋白在宿主肠道中易于消化，是幼体生长发育所需氨基酸的极好来源。根据 Haddadin 等（2008）的研究，骆驼奶的矿物质含量在 0.82%～0.85%，这种变化归因于品种、摄食量、分析方法和饮水量的不同。驼奶所含的维生素 A 和维生素 B_2 比牛奶少得多，维生素 E 含量基本相同，维生素 C 的含量平均是牛奶的 3 倍，而铁的含量是牛奶的 10 倍。此外，沙特单峰驼的维生素 A、维生素 B_2 和维生素 C 的平均值分别为 0.15mg/kg、0.42mg/kg 和 24mg/kg。骆驼奶的乳糖含量较牛奶低，但是钾、镁、铁、铜、锰、钠和锌的含量高于牛奶。除此之外，驼奶含有大量抗菌因子，如溶菌酶和免疫球蛋白，生物价值高，IgG 含量是牛奶的 7 倍，马奶的 8 倍。

（二）医用价值

驼奶不仅为当地居民提供所需的营养物质，而且还有药用特性（Bai 和 Zhao，2015）。最近的数据表明，驼奶中的药用成分对自身免疫性疾病、青少年糖尿病、消化性溃疡和皮肤癌有治疗作用，而且还能增强免疫系统功能。自古以来，在亚洲和非洲某些地区，驼奶和驼尿被用作药物，用于治疗水肿、黄疸、脾脏问题、肺结核、哮喘和贫血等，但到最近才有科学家有兴趣探索骆驼产品的治疗效果。据报道，骆驼奶还具有其他潜在的治疗特性，如抗癌、抗糖尿病和抗高血压。研究表明，驼奶比马奶更有效地促进慢性肝炎患者的临床和生化指标正常化。根据 Kanwar 等（2015）的研究，驼奶富含乳铁蛋白，具有有效的抗菌和消炎特性。Habib 等（2013）报道，驼奶乳铁蛋白似乎具有巨大的药用潜力，如抑菌、抗病毒、抗真菌、免疫支持和免疫调节功能以及抗癌作用。生驼奶中的免疫球蛋白浓度（2.23mg/mL）是牛奶和水牛奶的 4～6 倍，而乳铁蛋白浓度（0.17mg/mL）分别是牛奶和水牛奶的 2 倍和 6 倍。溶菌酶的浓度（$1.32\mu g/mL$）分别是牛奶和水牛奶的 4.9 倍和 11 倍。

三、驼奶生产特性

（一）产奶量和泌乳期

骆驼挤奶时驼羔需要在旁边。由于乳池容积很小，挤奶次数需频繁（每天 3～4 次）。

通常在分娩后 3 个月开始挤奶，可能持续 12～18 个月。即使水分供应受到限制，骆驼也能继续泌乳，产奶量因环境条件而异。因为影响记录的条件并不总是进行描述（如挤奶频率、是否幼崽吸吮诱导泌乳、哺乳期长短、产犊间隔、田间或实验数据），所以文献中的数据报道差异很大，很难比较。日均产量 1～2 kg，每个泌乳期可增加 1 000～1 500 kg（Kaufmann，1998），但饲料补充量每天为 6～12 kg。一些集约型牧场驼奶生产效益良好，并在靠近城市中心的地方生产。尽管主要的骆驼群仍处于牧区管理，一些泌乳期的骆驼集中喂养大约 12 个月，并用机器挤奶，有时会通过注射催产素来刺激产奶（Balasse，2003）。

双峰驼适应沙漠气候，主要在中亚草原地区饲养。虽然主要作为驮畜和生产细毛，但它也可以挤奶。驼奶是一种传统的食品，特别是在蒙古国的戈壁沙漠。据报道，18个月泌乳期的平均产奶量为 174～576 L（Saipolda，2004），但在泌乳高峰期每天可达到 15～20 kg，在 305d 泌乳期内可达到 1 000～1 500 kg（Baimukanov，1989）。

（二）骆驼泌乳曲线

泌乳曲线的形状取决于初始产奶量、峰值产奶量和持续性。Aziz 等（2016）在《沙特骆驼》中报道，根据 9 个胎次的线性和非线性形式估计的初始产奶量分别在 0.194～1.775kg 和 0.155～1.818kg。根据 Musaad 等（2013a）基于月数据的泌乳曲线，从第 5 个月开始的泌乳峰值为（220±90）L，到第 8 个月为（20±67）L。泌乳第 1 个月和第 15 个月时的产奶量分别为（57±58）L 和（96±77）L。泌乳高峰期后的持续率为 95.9%（图 6-7）。

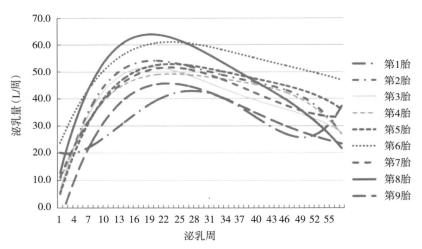

图 6-7　根据胎次的骆驼泌乳曲线
（资料来源：Musaad，2013a）

（三）影响泌乳的因素

1. 品种　与其他产奶动物一样，产奶量因品种、泌乳阶段和管理条件而异。在苏丹的两种不同生产系统中，品种对母驼产奶量的影响很大。Majaheem 骆驼 44 周的产奶量为 2.4～7.6 L，平均产奶量为（5.5±1.5）L。在埃塞俄比亚天然牧场饲养的丹卡利骆驼在 12 个月内的产奶量平均为每头 12.3 L。对马格里比骆驼的研究表明，305d 内的产奶量为 915～3 900 L。此外，巴基斯坦和印度的重型骆驼在 9～18 个月的泌乳期内可生产多达 12 000 L 驼奶。

2. 泌乳阶段 影响骆驼产奶量的因素很多，如遗传来源、环境条件、饲养管理条件、泌乳次数和泌乳阶段等。在沙特骆驼研究中发现，9 个胎次的总产奶量、哺乳期长度和每日产奶量分别介于 967.3～3 107.21 kg、273～416d 以及 2.96～7.40 kg/d。在集约化养殖条件下，骆驼在哺乳期前 3 个月的产奶量最高（2.96±1.28）L，而在哺乳后期的产奶量较低（2.11±0.99）L。在阿尔及利亚东南部半集约化骆驼养殖场中，泌乳中期产奶量（4.78±1.13）L/d 显著高于泌乳早期（3.58±1.18）L/d 和泌乳晚期（3.52±0.99）L/d 的产奶量。

3. 胎次 影响沙特阿拉伯骆驼产奶量的一些因素中，产奶量最低出现在第 1、2 和 4 胎。巴基斯坦科希单峰驼的最高产奶量（3 168 kg）出现在第 5 胎（13.5 年），其次是第 3 胎（8.8 年）的 3 051 kg 和第 4 胎（11.5 年）的 3 010 kg。然而，最低产奶量（1 566 kg）出现于第 1 胎（4.5 年）。第 2 胎的母驼产奶量为（4.06±1.85）L/d，随后随着胎次增加产奶量下降。沙特阿拉伯骆驼记录的最高平均产量是在第 6 胎，而最高周峰值是在第 8 胎，最高持续期是在第 5 胎。

4. 季节 温度、水分和饲料质量的季节性变化影响驼奶产量和驼奶成分。在漫长的旱季，产羔母驼的泌乳期较长（409±32）d，而在短暂的雨季（3—4 月）或短暂的旱季（5—6 月）产羔母驼的泌乳期较短，分别为（292±51）d 和（287±31）d。在集约化农业系统中，6 月、7 月和 8 月的产奶量最高。此外，冬季产羔母驼泌乳时间较长，持续时间较长，高峰产量较高，而夏季产羔母驼泌乳时间较短，高峰产量较早。

5. 营养 骆驼产奶量和成分随饲养水平的不同而不同。与此同时，传统的管理正逐渐被现代化管理所取代，这种管理的基础是密集喂养饲料，以提高产奶量。如果骆驼在更好的管理条件下饲养，产奶量会更高。索马里和肯尼亚单峰驼的产奶量在 1 300～2 500 L，但如果放牧良好，其产奶量甚至可能超过 3 000 L。产奶量的提高可以通过供应更多的能量而不是蛋白质来优化，骆驼循环使用尿素的能力显然是一个优势。

6. 环境因素 骆驼生活在温差大、降水稀少的环境中。在进化过程中，骆驼已经适应了这种环境条件。确定影响骆驼产奶潜力及其驼奶质量的环境因素，采取有效的改进措施，从而提高牧民的生活水平至关重要。在灌溉牧场上放牧母驼，每天可产奶 15～35 L/峰，而在沙漠牧场上的产奶量为每天 3～5 L/峰。测定炎热夏季骆驼的产奶量，每周限水一次，每次限水 2h 的骆驼每天稳定产奶量为 6L/峰。

第七章

CHAPTER 7

骆驼辅助生殖技术

人工授精和胚胎移植等辅助生殖技术为经济动物生产提供了许多帮助，目前已在包括牛、羊和马在内的几个物种中广泛应用。骆驼由于其生物学特性，如妊娠期长达13个月、繁殖季节有限、精液黏性大、诱导排卵等限制了辅助生殖技术的推广应用。骆驼生产性能与其繁殖性能高度相关。与其他家畜相比，骆驼繁殖效率很低。利用辅助生殖技术，提高骆驼的生产力和缩短世代间隔，从而加快遗传改良的进程。近年来，胚胎移植、人工授精、体外受精（IVF）和体细胞核移植（SCNT）等繁殖技术已成功地应用于骆驼。

第一节　骆驼人工授精

一、骆驼人工授精技术的发展史

自20世纪60年代以来，出现了关于在骆驼科动物上进行人工授精的报道。1961年，双峰驼诞下第一个人工授精的驼羔（Elliot，1961）。在过去的20多年中，中东国家的人们试图利用该技术改善骆驼的生产性能以及骆驼赛跑能力的遗传基础。人工授精的一个主要优点是可以用来提高物种的整体繁殖效率，然而，开展人工授精计划之前，需要做一些准备工作。首先，必须训练公驼使用假阴道（AV），以便收集精液，然后用合适的稀释液稀释，以最大限度地扩大利用每一次射精精液。第二，由于骆驼是诱导排卵动物，只有交配后才能排卵，所以每次输精前必须诱导母驼排卵。

骆驼传统的、古老的繁殖管理方法，既难以确保在繁殖季节结束时有尽可能多的母驼妊娠，也可能导致广泛的性病感染，从而降低繁殖率。人工授精技术可以用来克服这些问题，特别是在繁殖季节开始时让尽可能多的母驼受孕，从而给它们在分娩后尽快再次受孕的最佳机会。冷冻精液有助于加快骆驼科动物育种和遗传改良进程，也有利于物种间杂交提高生产性能。此外，冷冻精液可保护濒危野生骆驼种质资源。

二、采精

（一）种公驼的调教

对种公驼进行调教时应做到胆大心细、动作轻柔、环境安静，禁止粗暴对待种公驼，避免形成不良的条件反射。后备公驼4岁开始调教，每天1次，每次10~20min。调教成功后应连续采精2~3d，以形成条件反射。在采精公驼背部洒上发情母驼的尿液，能有效刺激公驼的性欲，促使其爬跨。让后备公驼经历几次自然交配或观察其他公驼的爬跨动作，有利于调教。先让后备公驼爬跨发情母驼，以激发其性欲，待阴茎充分勃起，性欲十分旺盛时将母驼赶走，引导公驼爬跨采精母驼。经过上述方法训练调教仍不能爬跨的，则放弃对该公驼的调教。

（二）采精方法

公驼的采精比较困难，它是卧式交配，交配过程中射精时间较长，可持续 5～20min，而且精液黏性大。双峰公驼非发情季节一般很驯顺，对干扰不敏感，动作比较缓慢。进入发情季节，由于血液中雄激素水平急剧上升，性欲强烈，攻击性很强。单峰驼的射精时间通常也比较长，而且烦琐。目前，常用的采精方法有电刺激法、假阴道法（AV）、附睾精液收集和假台畜假阴道收集法。

1. 假阴道法　精液可以用一个改良的公牛假阴道（长 30min，内径 5cm）收集，这个阴道内有一个长约 8cm 的泡沫模拟子宫颈。假阴道外壳和内胎之间通过水孔注55～60℃的温水，确保采精时内胎温度为 38～40℃，外壳和内胎之间打气增压，刺激射精。透明而外有玻璃水套的集精管，水套温度为 35～37℃，固定在假阴道的一端，在较长的射精过程中，以保持精液的温度（图 7-1）。采精前在内胎距外口 1/3 处涂抹灭菌的凡士林。公驼对假阴道温度、压力和润滑度并不敏感。

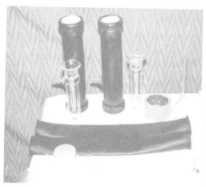

图 7-1　改良的公牛假阴道

采精时，采精员蹲在母驼臀部右侧（图 7-2），并用左手把包皮孔对准假阴道一端，阴茎即能插入假阴道内。这时公驼的后躯向前移动，因而假阴道即斜着向前向右位于母驼臀部和公驼股部之间（图 7-2）。公驼的后腿向前移动时，采精员须提防公驼的右膝撞脸。为了避免采精完毕公驼下来时将人压伤，采精时应该有人在对侧牵绳，以便使它跨向对侧。还可以用假台畜采精（图 7-3）。

图 7-2　假阴道法和活台畜采精

（资料来源：Skidmore，2000）

图 7-3　假台畜与保温装置

（资料来源：Ziapour，2014）

假阴道法采精的优点：模拟母驼阴道内环境条件（温度、压力和润滑度等），诱导公驼在其中射精，采精效果好。

缺点：①保定和解绑时，对母驼容易造成损伤；②同一个晚上，多个公驼使用同一个母驼采精时，造成母驼背部被咬伤出血，大约需 2 周时间才能愈合；③母驼仅作为活台畜利用，浪费资源；④技术人员引导阴茎插入假阴道的动作，通常会刺激公驼；⑤大约 15min 的交配过程中，技术人员一直蹲在母驼旁边并保持手臂固定在采精位置是一项辛苦的工作；⑥技术人员有被攻击性强的公驼咬伤的危险。因此，采精室（场）至少配备 3 人。但是，采精室（场）人多时，公驼容易兴奋或射精中途从母驼身上倒向一侧。

2. 电刺激法　如果不能通过假阴道采集精液，可以使用标准的牛采精器（12 V 和 180mA），这种方法会对动物造成很大压力，不能产生代表性的精液。将公驼卧式固定，然后转向它的一边，按照 Tingari 等（1986）描述的方法来操作。先用绳索将公驼保定，再用镇静剂盐酸地托米定（静脉注射 $30\sim35\mu g/kg$ 或静脉注射 $70\sim80\mu g/kg$，都以体重计）。电刺激采精时，用它作为镇静剂效果要比甲苯噻嗪和乙酰丙嗪好。电刺激法采精使用直肠探头，用大量的润滑剂，以确保探头与黏膜有良好接触，并施加越来越强的电脉冲，直到公驼射精为止。通常使用两组刺激，每次 $10\sim15$ 个脉冲，持续时间 $3\sim4s$，两组脉冲之间休息 $2\sim3min$。用制成一个装在包皮口的烧瓶收集精液（图 7-4）。个体对电脉冲的反应可能不尽相同，不能射精或只能采集少量精液，而且常被尿液和细胞碎片污染，因此不建议使用这种方法进行采精。

图 7-4　电刺激法采精

A. 保定公驼　B. 直肠插入电刺激棒　C. 侧卧姿势

（资料来源：Tingari，1986）

电刺激法采精的弊端：①每次采集精液需要花费大量的时间和精力；②每次需要使用镇静剂或全身麻醉；③保定公驼至少需要 7 人；④强迫公驼下跪，收紧腿，解绑可能会导致出血，甚至会导致公驼骨折；⑤使公驼出现应激反应，害怕人类接近；⑥反复使用电刺激采精，可能导致公驼不能正常爬跨；⑦通过电刺激法，公驼射精量少，死精率和畸形率较高，有时精液也被尿液污染。

因此，电刺激法常在如下情况下采用：①采用假阴道法不能采精；②从攻击性很强的公驼采精；③有生理问题而不能爬跨的公驼；④性欲低等低繁殖潜能的公驼；⑤非繁殖季节采精。

3. 附睾精液收集法 无菌剥离睾丸、附睾及输精管。在含冲洗液的培养皿中，用眼科剪除去睾丸、附睾及输精管周围的系膜及脂肪，并冲洗干净，以免血液或脂肪球混入妨碍精子观察。将分离并清洗干净的附睾及输精管，用眼科剪在附睾体部和近端尾部交界处切开，再分离附睾尾及附带小段输精管。附睾尾和输精管用精子悬浮法（FL）或逆行冲洗法（RF）方法收集精子。

（1）精子悬浮法 悬浮法按照 Cary 等（2004）的方法经改良后进行。附睾尾和输精管近端用手术刀在培养皿中切开，用约 2.5mL 稀释液（37℃）清洗，然后转移到第二个培养皿中，用约 2.5mL 相同的稀释液再次清洗。从上述两步获得的精子悬浮液，用直径 200μm 过滤器过滤并收集在玻璃管中（图 7-5）。

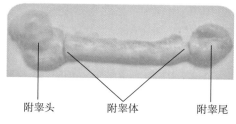

附睾头　　　　附睾体　　　　附睾尾

图 7-5　精子悬浮法
（资料来源：El-Badry，2015）

（2）逆行冲洗法 按照 Martinez-Pastor 等（2006）的描述，用钝的 22 号针将输精管腔插管。然后用装有约 4mL 稀释液（37℃）注射器从输精管经附睾尾逆行冲洗精子（图 7-6）。

附睾采精精液优点：容易采集，风险低，精液黏性小，易处理。

表 7-1 显示骆驼假台畜法与电刺激法和活台畜假阴道相比所获得的采精效果。结果表明，与其他两种方法相比，使用假台畜进行精液采集时，射精量、浓度和运动能力都有所增加。

图 7-6　逆行冲洗法
（资料来源：Turri，2013）

表 7-1　3 种采精方法的效果比较

项目	采精方法			改进率（%）（参照电刺激法）
	电刺激法	活台畜假阴道法	假台畜假阴道法	
采精时间（min）	—	5～12	20～45	—
射精量	3.56	6.87	17.75	499
精子密度（×10^6 个/mL）	320	370	850	266
活率（%）	42.8	60.2	80.3	188
死精率（%）	25	21	12	48
畸形率（%）	22	19	11	50

资料来源：Skidmore，2000。

三、骆驼精液品质评估

（一）骆驼精液的精清

骆驼精液黏稠精子无法活动，因此，精液的评估是一个重大的挑战。黏性来自尿道球腺和前列腺的分泌物（骆驼没有精囊腺），它们构成精清并有助于完成交配。精清中含有与精子功能和生育能力相关的重要蛋白质。Kershaw Young 和 Maxwell（2011）研究了精清对羊驼精子功能的影响，方法是将射精精液（经离心处理去除精清）和附睾精子分别在 0、10%、25%、50% 和 100% 精清中孵育 6h，并评估其活力、顶体完整性和DNA 完整性。结果显示，羊驼精子在体外培养过程中，至少有 10% 的精清存在是维持精子活力、顶体完整性和活力的必要条件。黏稠的精清均匀地分布在整个射精过程中，这得在精液液化之前很难评估精子活力等参数。此外，公驼之间甚至同一公驼每次射精的精液质量也有相当大的差异。黏度通常使用吊线技术测量，即测量移液管尖端和放置在玻片上的精液样本之间拉成的线段，测量值为 4～8cm（图 7-7）。精液黏性在阴茎插入阴道时可能起到润滑作用，以确保精液留在母驼生殖道，防止丢失。骆驼排卵发生在交配后 28～48h，这种黏稠的精清可以确保精子在精液液化时缓慢释放，以延长精子到达输卵管的壶腹部并使卵母细胞受精所需的时间。

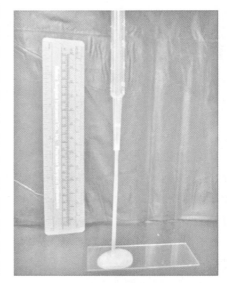

图 7-7　测量骆驼精液黏度的吊线试验
（资料来源：Skidmore，2018）

评估和处理骆驼精液需要液化，以释放被捕获的精子。一些关于单峰驼精子保存的研究报告记录，精液在 30～37℃ 孵化后会自发液化 15～30min，但这通常只是部分液化。另一项研究发现，在室温下，将精液以 1:（5～10）（取决于黏度）的比例稀释在 Tris-柠檬酸-果糖稀释液中，并用无菌移液管轻轻抽吸 30～60min，可降低黏度并释放精子。此外，运动性和顶体完整性不受损害。

（二）精液品质评估

传统的骆驼精液评估方法包括射精量和颜色（乳白色）的宏观测定，以及精子的微观特征，如浓度、活力和形态（El-Bahrawy 等，2006）。

1. 射精量　收集杯上的刻度用于测量射精量，一般为 2～10mL。

2. 精液黏度　吊线试验（Morton 等，2008，2009）用于评估精液黏度（图 7-7）。

3. 精子活力　根据 Evans 和 Maxwell（1987）及 Morton 等（2008，2009）的描述，精子运动模式主观上分为摆动型或前进型。活力是可受精精子的最重要特征之一。该参数可通过显微镜下目测法进行评估，但结果受主观性影响。另一种方法是使用计算机辅助精子分析（CASA）。该系统计算了几个运动参数来表示单个精子的运动特性，如平均路径速度（VAP，$\mu m/s$）、直线速度（VSL，$\mu m/s$）、曲线速度（VCL，$\mu m/s$）、头部横向偏移幅度（ALH，μM）直线度（STR，%）、线性度（LIN，%）、拍频交叉频率（BCF，Hz）。Al-Bulushi 等（2016）在许多研究中使用 CASA 评估精子，但 CASA 结果与骆驼繁殖力之间没有相关报道。

4. 精子密度　精子浓度用血细胞计数板测定，骆驼精子密度为 $200 \times 10^6 \sim 300 \times 10^6$ 个/mL。

5. 精子形态　精子顶体状态用荧光异硫氰酸结合花生凝集素（FITC-PNA）进行评估，按照 Morton 等（2007，2008）检测方法进行。膜和顶体的完整性用死活染色评估，如苯胺黑、伊红或姬姆萨和考马斯蓝。荧光探针技术尚未在骆驼精子的常规评估中应用。然而，Crichton 等（2015）成功地利用金霉素染色法，评估了新鲜和冷冻/解冻精子的自发获能的比例。

6. 受精能力　精子最终必须能够使卵细胞受精。因此，评价精子功能最有意义的方法是体外受精（IVF）。然而，由于难以获得骆驼卵巢和卵母细胞，Crichton 等（2016）用一种无透明带山羊卵母细胞进行穿卵试验，发现骆驼精子（60%）能穿透卵母细胞并能形成原核（33%），证明了这种异种系统在体外评估骆驼精子功能方面的可行性和有效性。

四、精液稀释和保存

成功地在体外保存优秀公驼的遗传资源，将有助于推广人工授精技术，提高良种覆盖率。骆驼精液的处理和保存面临许多挑战。精液黏性大、短期保存（低温保存）受冷休克影响和长期保存（冷冻保存）受冷冻损伤是骆驼精液处理和保存的主要制约因素。

（一）精液黏性处理

骆驼精液的黏稠度给采集后的精液处理和评估带来困难。它明显阻碍所用稀释液成分与精子膜的相互作用，从而使精子在稀释和保存过程中遭受冷休克和冷冻损伤。骆驼精子完全被精液中高度黏稠的精清成分包埋。在种马和公猪中，缺乏精子部分（尿道球腺分泌的凝胶）分别占总射精量的 5%～10% 和 20%～25%。这种凝胶部分可以过滤并从精液中去除，AI 剂量由稀释和处理富含精子的部分制备。目前，采用的精液液化方法有如下几种：

1. 液化法 刚采集的单峰驼精液会发生自发液化（Skidmore，2005）。用 Tris-乳糖-卵黄稀释液 1:1 稀释单峰驼精液，在 37℃ 孵育 60～90min 时显示最好的液化状态，在冷藏或室温（23℃）下，放置 24h 后获得较高的活率（Wani 等，2008）。液化法通过孵育不能彻底液化，只能液化部分黏性物。

2. 机械法 采集精液后，倒入装有曲别针的锥形烧瓶（50mL），并漂浮在装满 37℃ 水的烧杯（500mL）中，将其置于 37℃ 的培养箱。此时大烧杯成为锥形烧瓶的保温水套，一并放置在磁力搅拌器上（100 转/min），整个过程都是在培养箱里进行。搅拌精液 5min 可降低精液黏度，使精液液化均质。另外，机械抽吸法降低黏性，释放精子效果较好，精子活率和顶体完整性不易受损害。

3. 酶消化法 几种酶可以改善骆驼精液的流动特性，但是对精子质膜和顶体完整性有不良影响。Bravo 等（2000b）使用胰蛋白酶、纤溶酶、透明质酸酶和胶原酶，降低美洲驼和羊驼精清的黏度，发现胶原酶在降低黏度方面具有优势，但所有酶处理对精子功能和完整性都有不利影响，其中胶原酶处理的影响较少。

4. 超声波法 这是一种很有前途的精液酶消化法的替代方法。采用 Bransonic 超声装置，以 40 kHz（输入功率 130 W）的声频率工作，并与机械定时器和加热器相结合，用于单峰驼精液液化。将稀释后的精液样品置于 4 组超声波中，每 2min 一次，间隔 2min。整个处理过程中，超声装置温度调整为 37℃。处理前期（T_0）和处理期（$T_{2～8min}$）记录精液的流动性、物理和形态学特性。处理后，精液置于 5℃ 下平衡 3h 备用。超声波处理骆驼精液可有效地提高其流变学特性，而不会对精子活力产生不利影响。

（二）精液保存

1. 低温保存（液态保存） 骆驼精液可以在 4～5℃ 下，以液体（低温）形式保存 1～2d，其质量不会显著下降。因此，应每天对自然或激素诱导的母驼进行精细的卵泡发育检测，以确保在精液有限的保存期限内，卵巢上存在优势卵泡（直径 15～20mm）排卵并定时输精。用于低温保存精液的稀释液必须含有作为能量来源的糖（葡萄糖、乳糖、蔗糖或果糖）、用于保护精子膜免受冷休克和损伤的非渗透性蛋白质（来自蛋黄的脂蛋白或牛奶的酪蛋白）以及缓冲物质（以保持 pH 和张力）和抗生素。

多年来，科学家对几种用于骆驼精液低温保存的稀释液进行了研究，包括传统的稀释液（以糖、柠檬酸盐、Tris 和 Tris-tes 为基础的缓冲液＋脱脂牛奶）和商品化稀释液（Green buffer、Biladyl、Androhep、Triladyl、Laiciphos、Biocephos、OptiXcell、EquiPlus 和 INRA-96），显示出明显的相互矛盾的结果。

双峰驼精液低温保存后，无论是慢速降温（57%）还是快速降温（35%），精子前向运动性均显著降低，这可能反映出需要优化冷却速率。值得注意的是，精子冷却速率过快会使其容易受到细胞内冰晶的损伤，而冷却速率过慢则可能导致精子长期暴露在浓缩溶液中，而浓缩溶液是细胞外水逐渐转化为冰的结果。优化稀释精液的 pH 和渗透压以及将其从 35℃冷却到 5℃的速率被认为是成功保持精子活力和延长冷冻后寿命的关键。

在单峰驼中，早期的报告指出，与乳糖缓冲液（Vyas，1998）、Biociphos（Deen，2004）或柠檬酸盐或蔗糖稀释液（Wani，2008）相比较，用基于 Tris 的缓冲液稀释精液在 5℃下能更好地保持精子活力长达 48h。然而，Zeidan 等（2008）发现，用柠檬酸-果糖-蛋黄、柠檬酸-乳糖-蛋黄、柠檬酸-蔗糖-蛋黄或 Tris-蛋黄-果糖稀释液稀释骆驼精液，与用柠檬酸-葡萄糖-蛋黄、脱脂牛乳和脱脂骆驼乳稀释液稀释相比，在 5℃下储存3d 后，显示出更好的精子活力和寿命。其他研究表明，用 Green buffer 稀释单峰驼精液，在 5℃保存长达 48h 时，保持精子活力、完整性和活力方面优于 Tris 缓冲液（Ghoneim 等，2010；Waheed 等，2010）。最近，Al-Bulushi 等（2016）建议用OptiXcell、Green buffer 或 Triladyl 稀释单峰驼精液，在 4℃下可保存 48h。

精液在冷却和储存 24h 后，精子前向的运动性显著降低，降低幅度高达 30%～35%，这可能反映了精液从体温冷却到接近水的冰点（35℃→5℃）的过程中，精子对冷休克和膜损伤的敏感性。与冷休克损伤相关的主要机理是精子质膜的形态学改变和膜通透性的改变（Barrios 等，2000）。

众所周知，精液液态保存效果与精子老化和培养寿命下降有关，这是由于精子膜脂质过氧化而积累了有毒代谢产物（主要以活性氧形式）（Salamon 和 Maxwell，2000）。精子在保存过程中，由于膜上的多不饱和脂肪酸的氧化，精子膜容易发生脂质过氧化，从而产生大量的过氧化氢。ROS 积累导致氧化应激，氧化应激可导致精子膜损伤、活力降低、DNA 完整性降低和受精力降低（Gavella 等，1996；Aitken 等，1998，2010；Kumer 等，2011）。氧化应激是精液低温保存期间产生过氧化氢所致，因此，稀释液中添加抗氧化剂（如硫基、腺苷、催乳素、番茄红素、过氧化氢、半胱氨酸、抗坏血酸、维生素 C、维生素 E 等），可防止液体精液中的氧化应激。

卵黄是最常见的非渗透性蛋白质，添加到稀释液中以保护精子免受冷休克。卵黄中的磷脂和低密度脂蛋白与精子膜结合，增加精子膜的通透性，同时保持精子的物理性质，从而减轻对精子的冷休克损伤（Holt，2000）。然而，卵黄中含有孕酮（Bowden 等，2001），孕酮在精液处理和保存过程中对精子获能起着重要作用。此外，蛋黄中的一些成分干扰了精液生化分析和代谢研究。

因此，为了减少骆驼精液低温保存过程中氧化应激的产生，保护精子膜和 DNA 完整性免受冷休克损伤，需要进一步研究多种抗氧化剂和用低密度脂蛋白替代卵黄。

2. 冷冻保存（固态保存）

（1）射出精液的冷冻保存　冷冻精液不仅能够广泛推广人工授精技术，而且能够应用于其他生殖技术，如体外和体内胚胎生产及胚胎移植。在精子冷冻处理过程中，精子易受几个应激因素的影响，这些应激可导致其精子内部结构（顶体、DNA、线粒体、轴丝和质膜）的生化和解剖结构改变。高效的精子冷冻方案应该防止致命的冰晶在细胞内形成，避免精子冷冻和解冻时对细胞膜造成损伤。精液稀释液的成分在保护精子免受冷休克和冷冻损伤方面起着关键作用，这些损伤发生在冷却（15℃→5℃）、冷冻（−5℃→−50℃）和解冻（−50℃→−5℃）处理的临界点。

冷冻稀释液中的冷冻保护剂，可减少精子冷却、冷冻和解冻产生的物理和化学损伤（Purdey，2006）。冷冻保护剂的功效在于保护精子免受冷冻损伤。精液冷冻保存液除含有非渗透性冷休克保护剂、缓冲剂、能量物质和抗生素外，还应有渗透性抗冻保护剂（甘油、乙二醇、丙二醇、二甲基亚砜或酰胺等）。

非渗透性抗冻保护剂造成细胞外高渗透压，导致细胞脱水，降低细胞内结冰的发生。此外，它们还与细胞质膜中的磷脂相互作用，提高精子冷冻保存的存活率。渗透性冷冻保护剂渗透到精子细胞内部，阻止冰晶的形成，稳定细胞膜脂质，限制精子细胞在零下温度下的收缩。迄今为止，甘油是精子冷冻保存中最常用的冷冻保护剂，因为它具有渗透性，可取代细胞内的水并保持细胞体积不变，与离子和大分子相互作用并降低水的冰点，从而阻止细胞内冰晶的形成（Holt，2000）。

在双峰驼中，用乳糖（11%）＋蛋黄（20%）＋甘油（6%）和 OEP Exquex（1.5%）分两步稀释精液，稀释后达到最终甘油浓度 2%（Seime 等，1990），解冻后精子活率达到 70%，但畸形率达到 48%。Orvus ES 糊剂（OEP）是一种洗涤剂，可使卵黄脂质乳化并分解在稀释液中，促进其与精子膜表面相互作用，以保护精子免受冷冻损伤（Pursel 等，1978）。Zhao 等（1996）用蔗糖（12%）＋蛋黄（20%）＋甘油（7%）分两步稀释双峰驼精液，与不同的稀释液相比，获得较高的解冻后活率、生存力和顶体完整性，授精后妊娠率达 93%（29/31）。

El-Bahrawy 等（2006）在单峰驼中发现，用 Tris＋柠檬酸＋蛋黄＋甘油、Tris＋蔗糖＋蛋黄＋甘油、Tris＋乳糖＋蛋黄＋甘油、乳糖＋蛋黄＋甘油和脱脂牛奶＋蛋黄＋甘油稀释液稀释单峰驼精液时，精子活率与冷冻前相似（63.3%～68.7%）。比其他稀释液相比较，用 Tris＋乳糖＋卵黄＋甘油稀释液稀释的精液，解冻后能更好地保持高活率（62.3%）和存活率（93.2%）。此外，El-Hassanin（2006）发现，用 Tris＋蔗糖＋蛋黄＋甘油稀释液稀释显著降低了单峰驼精子活力，但是与蔗糖＋蛋黄＋甘油和Tris＋蛋黄＋甘油稀释液比较，提高了快速冷冻后精子的抗冻力。El-Bahrawy 等（2012）发现，添加 $15\mu L/mL\alpha$-淀粉酶的 Tris＋柠檬酸＋卵黄＋甘油的骆驼稀释液，可显著提高精子解冻后的精子活率（61.6%），减少顶体损伤（10.4%）和精子原发性和继发性畸形率（分别为 5.0% 和 7.0%）。

关于冷冻保护剂的类型和浓度，El-Bahrawy 等（2006）发现，与使用 3% 甘油或 2% 和 3% 二甲基亚砜（DMSO）相比，向 Tris＋乳糖＋卵黄的骆驼稀释液中添加 2% 甘油可以更好地保持解冻后精子的活率（45.8%）和存活率（73.3%）。然而，与添加 2%、4% 和 6% 甘油或 2% 和 4% 二甲基亚砜（Abdel Salaam，2013）相比，在 Tris＋果糖＋卵黄稀释液中加入 6% 二甲基亚砜对单峰驼精液进行稀释和冷冻保存，可显著改善解冻后的活率（66.7%）、抗冻率（95.2%）和顶体完整率（84.7%）。

（2）附睾精子的冷冻保存　采集并冷冻骆驼附睾精子，已用于骆驼体外受精。Abdoon 等（2013）发现，用 Ovixcell®（一种以大豆卵磷脂为主的稀释液）或 Tris＋果糖＋卵黄＋甘油稀释液稀释附睾精子，可显著提高解冻后精子的活率（分别为47.5％和45.0％），存活率（73.1％和71.7％），提高卵裂率（37.3％和83.8％）、桑椹胚率和囊胚率（58.1％和52.2％）。另外，El-Badry 等（2015）用 Tris＋卵黄＋甘油稀释液稀释骆驼附睾尾精子，解冻后精子活率、存活率和顶体完整率分别为32.8％、67.6％和71.2％。冷冻解冻的附睾尾精子用于骆驼卵母细胞体外受精时，受精率、卵裂率、桑椹胚率和囊胚率分别为38.6％、28.4％、12.4％和8.1％。

早期的报道显示，由于甘油的渗透压改变精子的膜结构、流动性和渗透性以及膜脂组成，对精子造成损伤（Watson，1995）。充足的渗透性冷冻保护剂应能在冷冻时迅速穿透精子，并在解冻时迅速渗出精子。酰胺（如乙酰胺、甲基乙酰胺、甲酰胺、甲基甲酰胺和二甲基甲酰胺）是分子质量比甘油低的渗透性冷冻保护剂，比甘油更快地穿过精子膜，因此所施加的渗透压比甘油要小（Carretero 等，2015；Squires 等，2004）。有报道用纯化的低密度脂蛋白替代稀释液中的卵黄，可提高许多物种精子的抗冻力和受精力，如牛（Hu，2011）、水牛（Akhter，2011）、犬（Prapaiwan，2016）、野猪（Jiang，2007）和绵羊（Tonieto，2010）。

到目前为止，在单峰驼中，精液冷冻方案和使用冷冻解冻精液的体内妊娠率尚不令人满意（Deen 等，2003；Skidmore，2003；Monaco 等，2015）。值得注意的是，即便使用相等活率和存活率的冷冻精液和原精液进行授精，冻精妊娠率（0～26％）也低于原精（50％～80％）（Bravo 等，2000a）。冷冻精液的受精能力差可能反映了冷冻-解冻精子 DNA 发生冷冻损伤，甚至表现在其活力和存活力。Griveau 和 LeLannou（1997）的研究表明，精子质膜和 DNA 完整性在冻融过程中易受脂质过氧化损伤的影响。此外，Bilodeau 等（2000）报道，哺乳动物精液冷冻保存过程中，活性氧分子的过度产生明显降低精子的活力和受精能力。

因此，骆驼精液的冷冻稀释液和冻融方案还有待于进一步的研究。用纯化的低密度脂蛋白代替卵黄、用酰胺类作为冷冻保护剂，可减少精子的氧化应激，保护精子膜和 DNA 免受冷冻损伤。

五、输精

双峰驼的成功授精取决于许多因素，其中最重要的因素包括精液的质量、母驼生殖健康和发情、精液的稀释和保存以及正确的授精程序。

（一）母驼诱导排卵

自然交配（NM）或人工授精使用 FWsynch 方案（Manjunatha，2015）使母驼卵泡发育同步化。简而言之，母驼在第 0 天和第 10 天注射 GnRH（静脉注射 $100\mu g$ GnRH），在第 7 天和第 17 天注射 PGF2α（肌内注射 $500\mu g$ $PGF_{2\alpha}$ 类似物）。在第 22 天，对母驼进行 B

超检查，以确认是否存在优势卵泡（DF），并且 DF 直径为 11～17mm（被认为是同步）。母驼可自然交配诱导排卵或第 22 天静脉注射 GnRH 诱导排卵。

（二）输精

采用站立或卧姿对母驼进行输精时，无须注射镇静剂。母驼站立时保定在保定箱内，卧姿输精须绑定四肢，用绷带缠绕尾巴吊起来，清理直肠粪便。会阴用 2％碘溶液擦洗，用清水冲洗，然后晾干。

1. 子宫颈输精　母驼交配前后子宫颈分泌物的显微镜检查结果表明，精液部分沉积在子宫内，部分沉积在宫颈内。因此，人工授精时，通过直肠壁引导输精管穿过相对较短、笔直的骆驼子宫颈，直接输精到子宫体内。输入 300×10^6 个活精子或少至 100×10^6 个活精子时妊娠率可达 50％。然而，母驼在发情时，子宫颈口开张，当精液输入子宫体内时，精液会沿着子宫颈回流而造成大量精子丢失。因此，随后的研究开发了子宫角输精的方法，获得更好的输精结果。

2. 子宫深部输精　某些家畜复杂的解剖结构阻碍了子宫角非手术授精的发展。例如，母猪螺旋状宫颈管、子宫角长和盘绕等特性，使得子宫深部输精变得困难。然而，骆驼的子宫颈较短且较直，子宫角盘绕少，通过直肠引导输精管穿过子宫颈向上进入子宫角很容易。

3. 腹腔镜输精　在宫腔镜下直接在子宫输卵管交界处放置少量精子。

第二节　骆驼胚胎移植

一、骆驼胚胎移植的意义

骆驼繁殖效率受到长妊娠期和短繁殖季节的限制，且大多数骆驼群还用传统的生产管理模式。传统方法很难保证在繁殖季节结束时能够让更多的母驼妊娠，而且也不可避免地感染生殖道疾病，从而降低其繁殖能力。胚胎移植技术可以克服一些问题，同时可以对胚胎进行人为操作，进而实现遗传改良和快速扩繁。然而，在大家畜中成功的胚胎移植有两个基本的先决条件，首先是通过外源性促性腺激素诱导供体动物超数排卵，其次是用简便方法使受体同期发情。对骆驼来说，繁殖季节短（从 11 月到翌年 3 月）、妊娠期长 13 个月、每 2 年产一次，通过理想的基因组合来增加后代的数量对于养殖骆驼有着巨大的实用价值。自 1990 年以来，骆驼胚胎移植研究取得了巨大的发展。

二、超数排卵

（一）超数排卵方法

为了刺激多个卵泡的生长、实现超数排卵，使用外源性促性腺激素对骆驼进行处理，如马绒毛膜促性腺激素（eCG）或促卵泡激素（FSH），这些激素可以在孕酮处理一段时间后注射，也可以用一个阴道内释放孕酮装置（PRID）放入阴道7d；或每天注射100～150mg孕酮油，连续15d。骆驼的卵巢上有少量卵泡发育时，用外源性促性腺激素处理，则会产生最佳效果（即对卵巢的最佳刺激）。如果在处理过程中有卵泡发育，在新的卵泡还未来得及发育前，这些卵泡将发育成过大卵泡。

1. FSH　常用于骆驼超数排卵的FSH来源于猪或绵羊。在单峰驼中，采用20mL生理盐水中溶解绵羊FSH（oFSH）18mg或猪FSH（pFSH）400mg，注射4d。一般来说，每天注射2次，剂量递减（第1天，2次×4mL；第2天，2次×3mL；第3天，2次×2mL；第4天，2次×1mL）。

2. eCG　众所周知，eCG具有FSH活性，可用于骆驼促进卵泡发育和超数排卵。eCG的使用剂量为1 500～6 000IU。一般在用孕酮处理5～15d结束的前一天或当天注射一次。

3. eCG 和 FSH 结合　FSH和eCG结合的超数排卵效果最佳。处理第1天单次注射eCG（2 500IU）与FSH每日两次注射中的第一次注射同时进行，后续FSH注射剂量如上文所述。

（二）骆驼超数排卵存在的问题

母驼的超数排卵效果并非完美，排卵反应和胚胎产量极其不稳定。主要问题如下：

1. 母驼敏感率低　母驼对超排激素处理无反应的发生率高，20%～30%的处理母驼的卵巢上卵泡尚未发育。

2. 配种前卵泡黄体化率高　这在用eCG处理的母驼中尤为普遍，可能是由于这种激素具有LH活性的缘故。

3. 卵巢易被过度刺激　在一些eCG或FSH处理的母驼中，卵巢变得非常大，并且有许多不同发育阶段的卵泡，这可能是由于个体对激素的反应不同。

4. 母驼产生对 FSH 和 eCG 的耐药性　这可能是由于母驼对这些激素产生免疫引起的。研究发现，用这些激素反复超排数年的母驼卵巢活动完全停止。

三、自然交配或诱导排卵

有些人可能根据母驼发情行为来确定其最佳交配时间，但这不是管理超排供体的最佳方法，因为发情的迹象与卵巢卵泡状态没有很好的相关性。为了获得良好的排卵率，供体应在超排处理的全过程中用超声和触诊进行监测，并在卵泡直径达到13～18mm时进行配种。卵泡通常在处理开始后4～6d开始发育，8～12d后直径可达13～16mm（图7-8）。每个供体母驼的配种次数可能不同，通常每隔24h配种一次，尽管交配后会出现排卵，但供体在第一次交配时应单次静脉注射GnRH及其类似物（20mg乙基酰胺），以达到最大排卵效果。

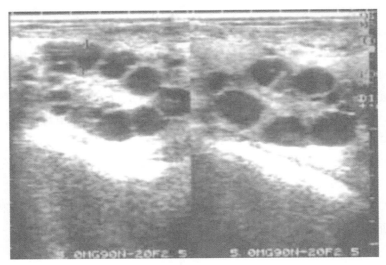

图 7-8　母驼超排处理 8d 后卵巢的超声图像

（资料来源：Skidmore，2000）

四、胚胎收集和质量评估

骆驼的胚胎收集方法与在其他物种中描述的方法相似。

（一）手术法

通过剖腹手术将输卵管引出，可以进行外科胚胎采集。然而，胚胎只有在输卵管阶段（即桑椹胚阶段）时，才可以使用该技术。

（二）非手术法

采集骆驼胚胎时常用非手术法，但对骆驼的子宫进行冲胚之前，需进行硬膜外腔麻醉。骆驼常用的麻醉药物有盐酸地托咪啶（30～35mg/kg，静脉注射）和甲苯噻嗪（①镇定作用：肌内注射 0.25～0.5mg/kg；②限制行动：肌内注射 1～2mg/kg）。

1. 冲洗胚胎　供体母驼注射镇静剂后以卧姿状态绑定。然后，清除直肠内粪便，尾巴用绷带缠绕后吊起，会阴区彻底清洗消毒。有些人喜欢使用硬膜外麻醉，这对年轻的单峰驼是有利的，因为它们的骨盆很小，然而，对于体型较大的母驼是不必要的，特别是已经打了镇静剂的母驼。用 18～20 号冲胚管冲洗子宫，具体操作如下：用戴无菌手套的手引导导管穿过阴道，然后用手指扩张宫颈并插入导管，一旦导管穿过子宫颈，气囊用 30～40mL 的空气或 PBS 充气，然后拉回到子宫颈的内部，堵住子宫颈内口，以免冲胚液经子宫颈流出。然后用 60～120mL 冲洗液反复冲洗子宫，冲洗液可以是市场出售的牛胚胎冲洗液或 DPBS＋0.2％牛血清白蛋白（BSA）＋0.005％（w/v）硫酸卡那霉素。冲洗子宫时触诊子宫，以监测子宫充盈情况，当感觉子宫完全扩张时，通过重力流将冲洗液收集到无菌烧杯中。尽可能回收全部的冲洗液。为此，最好用手在直肠内将子宫颈轻柔地按摩，以促进冲洗液流出。该过程至少重复3次或直到用完总体积约500mL的冲洗液（图7-9）。有些人喜欢单独冲洗每个子宫角，因为冲洗时宫颈管会松弛，气囊可能滑回阴道，导致冲洗液流失。冲洗单个子宫角时，应将导管置于子宫角内，使气囊位于其下1/3处（这可能很难判断，因为骆驼子宫角内部被一个不可触及的隔膜隔开）。用空气或冲洗液充满的气囊，在冲洗液的压力下导管被固定，不能来回移动。然后，用30~120mL冲洗液冲洗子宫角4~5次，同样的方法冲洗另一侧子宫角。

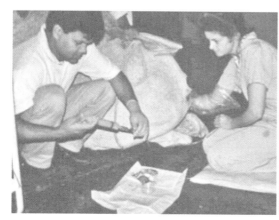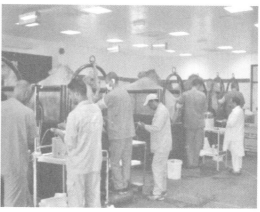

图7-9　母驼用非手术法收集胚胎

（资料来源：Skidmore，2000）

收集的冲洗液用胚胎过滤器过滤，直到只剩下20~30mL的冲洗液。将其倒入无菌培养皿中，在显微镜下检查是否存在胚胎。一次冲洗就可以收集20枚或更多的胚胎，但是所有的卵泡并非同一时间排卵，胚胎的大小和发育阶段可能会有很大的差异（图7-10）。

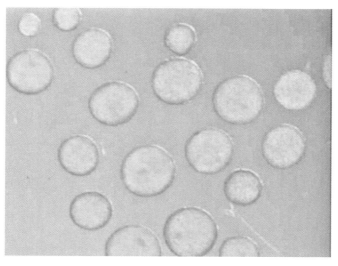

图7-10　单峰驼母驼单侧子宫角冲洗的胚胎

（资料来源：Skidmore，2000）

2. 冲胚时间　骆驼的胚胎在排卵后 6d 或 6.5d（交配当天记作 0）才能到达子宫。因此，任何在排卵后 6d 之前收集胚胎的尝试，都会导致低回收率。实际上，在排卵后 7d 或 8d 冲洗子宫时，单峰驼的回收率最高。

3. 胚胎质量评估　从子宫中获得的胚胎通常处于囊胚孵化阶段，但在排卵后的不同时期，胚胎的大小差异很大。单峰驼排卵后 7d 收回的胚胎直径为 0.18～0.50mm。这种发育阶段各异的现象可能在所有超排动物中广泛存在。孵化后的胚胎继续快速生长，在扩张过程中肉眼也能观察到。它们在排卵后 8.5d 或 9d，胚胎开始失去其球形。胚胎分类根据形态特征和发育阶段将其分为 5 级（表 7-2）（图 7-11），或根据其直径大小分为小胚胎、中等胚胎（300～750mm）和大胚胎（751～1 200mm）。研究发现，胚胎发育异常情况有如下几种：挤出的卵裂球（即从细胞团挤出的单个卵裂球）；退化迹象（暗区）；以及明显的形态异常，如折叠或起皱。

表 7-2　骆驼胚胎等级标准

胚胎级别	特征
1 级	优质胚胎。尺寸与收集阶段相对应，完全球形，表面光滑
2 级	良好胚胎，与上面一样，有一些不规则的轮廓
3 级	中等胚胎，小胚胎，有暗斑，不规则轮廓并有一些突出的细胞
4 级	皱缩的胚胎显示出暗区变性和许多挤压的细胞
5 级	不可移植胚胎，折叠且非常暗黑的胚胎或发育迟缓的胚胎，比桑椹胚或未受精的卵子要暗黑

资料来源：Skidmore，2000。

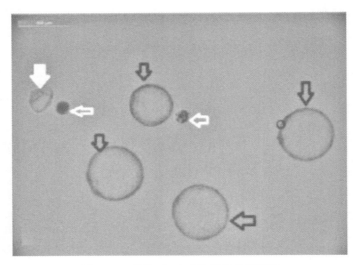

图 7-11　受精后 8d 冲洗子宫获得胚胎

注：黑色箭头，球形胚胎；白色箭头，退化胚胎；白色实心箭头，塌陷胚胎

（资料来源：Saadeldin，2017）

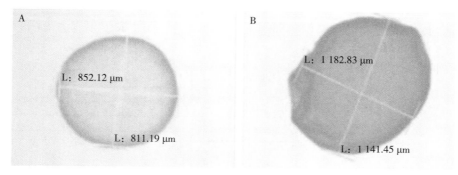

图 7-12　单峰驼大球形胚胎（A）和折叠胚胎（B）长短直径测量图
(资料来源：Abd-Elfattah，2020)

五、受体管理

受体的质量是所有胚胎移植项目成功的最重要因素。胚胎移植受体选择标准有两个主要方面，即生殖健康以及与供体同期发情。

（一）选择受体的标准

1. 受体的选择　受体应该是年轻母驼（小于 12 岁），至少有一次正常妊娠、分娩或者是目前妊娠或刚刚断奶。

2. 受体的体况检查　应侧重体格、良好的身体状况以及传染病症状等方面的检查。所有受体都应该进行布鲁氏菌病和锥虫病的检测。

3. 受体生殖健康检查　包括：①对生殖道进行触诊和超声检查，以检查卵巢是否正常（即存在一些卵泡活动），子宫是否有子宫液；②取子宫拭子并培养，检查是否有绿脓杆菌、弯曲杆菌胎儿和滴虫胎儿；③阴道检查和乳房检查。

（二）与供体同期发情

由于母驼卵泡活动的特殊性，其周期的同步化遇到了许多困难。在其他家畜身上使用的技术，如用孕酮或前列腺素或两种激素联合处理，能使母畜群的发情和排卵同步。但在骆驼身上并不适用，或只取得了有限的成功。然而，供体和受体之间发情周期的同步化是非常关键的，单峰驼胚胎移植的结果表明，最好的受体应该在供体排卵后 24～48h 排卵。将胚胎移植到比供体前 1d 或供体后 3d 或更长时间排卵的受体中，会导致非常低的妊娠率。供体和受体的排卵同步可通过以下方法来实现：

1. 从随机组中选择受体　如果使用这项技术，在供体配种 24h 后，对一组处于已知生殖周期阶段的受体进行检查，所有具有成熟卵泡（直径 13～18mm）的母驼都用促性腺激素释放激素（GnRH）或人绒毛膜促性腺激素（hCG）处理。这种处理方法不仅费时，而且只能在供体数有限的情况下使用。

2. 受体的卵泡发育与供体的卵泡发育同步　利用孕激素处理，如 PRID 或皮下植入物（去甲孕酮），已经实现供体和受体卵泡发育的同步化。然而，这些方法的成功率有限，因为它们似乎不能完全阻止卵泡发育，因此，在同步卵泡发育方面的效果非常有限。

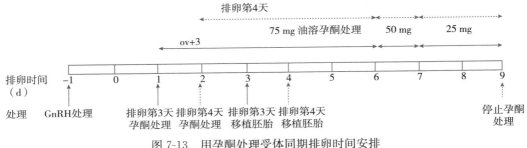

图 7-13　用孕酮处理受体同期排卵时间安排
（资料来源：Skidmore，2011）

3. 孕酮和 hCG（或 eCG）联合处理后，用 hCG（eCG）或 GnRH 诱导受体排卵，可获得较好的效果　受体每天用油溶孕酮（100mg/d）治疗 10～15d，试图抑制更多卵泡的发育，并在孕酮处理的最后一天注射 1 500～2 500IU 的 eCG 以诱导卵泡发育。孕酮处理方案在向供体注射促性腺激素的当天结束，以期使受体和供体同步发情。用 hCG 处理受体，保证同一时间出现成熟卵泡或比供体晚 24～48h 出现成熟卵泡。

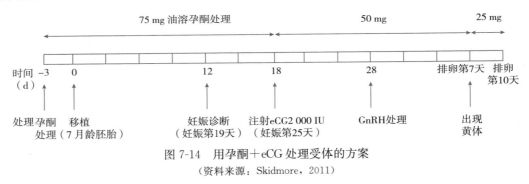

图 7-14　用孕酮＋eCG 处理受体的方案
（资料来源：Skidmore，2011）

4. 孕酮受体的准备　孕酮处理可使胚胎与子宫变化同步，无须诱导排卵，供体配种后 2d 开始每天注射孕酮（100mg）。然而，由于没有黄体（CL），孕酮处理必须持续整个妊娠期。

5. 双侧卵巢切除的母驼也可以作为受体　母驼用 17-β 雌二醇（40mg/d）处理2d，然后每天注射孕酮（100mg）。这达到了 30％的妊娠率，但同样的缺点是孕酮处理必须持续整个妊娠期。

（三）受体筛查

所有受体应在移植当天进行筛查，以确定已经排卵并且存在成熟的 CL。这可以通过测定血液中的孕酮浓度或通过超声检查 CL 来完成。超声检测仍然是最准确的方法，它还可以筛查受体子宫内是否有液体。

六、移植

胚胎可以通过手术或非手术方式移植。

（一）手术法

单峰骆驼和双峰骆驼的胚胎移植手术是通过左侧剖腹手术完成的。胚胎通过巴斯德管在外角穿刺移植到子宫腔。然而，这项技术不能用于年轻和初产母驼，因为子宫角太短，很难引出。

（二）非手术法

胚胎的非手术法移植技术包括使用常规的牛输精枪通过子宫颈将胚胎直接放入子宫腔。将胚胎装入 0.25mL 或 0.5mL 无菌塑料吸管中，放入枪中进行移植。首先，用带有侧开口的无菌塑料套覆盖输精枪，这样即使移植管靠在子宫壁上，胚胎也不会丢失，然后用第二个无菌塑料套覆盖。受体的准备方式与胚胎采集相同。然后按如下方式移植胚胎：

（1）输精枪导入阴道，并用戴无菌手套的手引导其朝向子宫颈。

（2）卫生套在穿过第一个宫颈环后，将塑料套向后拉向技术人员，然后借助已伸入直肠内的手，将枪进一步导入一侧子宫角。

（3）移植管的活塞推回原位，胚胎注入子宫。

胚胎通过宫颈和注入子宫应尽快完成，以避免对宫颈和子宫黏膜的过度刺激，从而导致 PGF_{2a} 释放和 CL 溶解。

七、影响妊娠率的因素

移入胚胎着床、妊娠的建立涉及胚胎、子宫环境和黄体之间的一系列协调关系。影响胚胎移植妊娠率的因素是多方面的，主要因素如下：

1. 受体质量的影响　受体的繁殖力、年龄和胎次对单峰驼胚胎移植后的妊娠率有显著影响，12 岁以下受体的妊娠率高于年龄较大的骆驼，青年或初产母驼的妊娠率几乎是经产母驼的两倍。这无疑是由于随着年龄的增长和分娩次数的增加，逐渐产生相关生殖问题。

2. 受体和供体的同期化程度　如前所述，移植胚胎的受体排卵时间晚于供体 1d 或 2d，妊娠率要高于那些提前排卵的受体。这可能是由于黄体的早期溶解，微小的胚胎没有足够的时间向母驼发出足够的"母体识别妊娠信号"，以防止黄体溶解。

3. 移植方法的影响　在一些物种中，手术法移植比非手术法移植的妊娠率更高，然而对单峰驼来说，两种方法的妊娠率相当。

4. 移植部位的影响　许多人认为将胚胎移植到左侧子宫角比移植到右侧角更好，

因为骆驼科动物胚胎植入左侧子宫角可发育到足月。然而，在单峰驼的研究中发现，没有显示出对移植部位的任何显著影响，可能是因为在这个阶段胚胎具有高度的迁移性，可以很容易地迁移到左侧子宫角。更重要的是要尽可能顺利、快速地进行移植，使子宫内膜受到的损伤最小。

5. 季节的影响 尽管母驼全年都有卵巢活动，但如果在一年中最热的月份进行胚胎移植，增加了早期胚胎的死亡率，导致妊娠率为零。无论如何，应避免这一时期配种，这不仅是因为母驼繁殖能力差，而且是因为这一时期出生的驼羔生长和存活能力也相应差。

eCG 与绵羊或猪 FSH 联合使用，可刺激骆驼多个卵泡发育，达到胚胎移植的目的。供体最好在卵巢中卵泡发育很少或没有卵泡发育时进行处理，因为这会导致更多的卵泡在同一时间间隔内发育成熟，直径在 13～19mm。为了获得最佳的受胎效果，受体应该是同步发情，以便它们在供体排卵之后 24～48h 排卵。受体可以随机从驼群中选择并在供体处理后 24～48h 注射 hCG 或 GnRH 来实现，或者每天注射孕酮持续 10～15d，并在孕酮处理的最后 1d 注射 eCG（1 500～2 500IU）。这通常能确保供体处理 24～48h 后受体卵巢有成熟卵泡，然后注射 hCG 或 GnRH 诱导排卵。胚胎在排卵后7d 可以冲胚和非手术移植，妊娠后 17～20d 通过超声波检查子宫进行妊娠诊断。

第三节　骆驼其他辅助繁殖技术

一、骆驼胚胎保存

除了少数试验外，大多数在单峰驼中的移植，特别是在商业胚胎移植工作中，都是用新鲜胚胎。1990 年开始实施骆驼超数排卵-胚胎移植（MOET），1992—1998 年共移植新鲜胚胎 2 653 枚，总妊娠率为 62%。在此期间，妊娠率从 30% 稳步提高到 70%。一些批次的胚胎达到 100% 的妊娠率，这并不少见。在一年中最热的月份进行移植，可导致低妊娠率和高早孕丢失率。在商业性 ET 中心，从超排供体回收的胚胎数量有时比同步化的受体数量要多。为了克服这个问题，胚胎移植前对未排卵的受体用孕酮预处理至少 48h，多余的胚胎可低温冷冻或玻璃化冷冻保存。使用非同步（非排卵）受体需要在整个妊娠期（13 个月）或诱导形成黄体（CL）前每天用孕酮处理，这样处理既昂贵又不实用。虽然低温冷冻或玻璃化冷冻保存可以将胚胎保存很长时间，但这些保存技术需要相对更多的时间、设备、化学药品和专业知识。此外，只有少数试验报道，骆驼的玻璃化冷冻胚胎移植后妊娠，但是小规模移植并且存活的后代尚未见报道。许多哺乳动物已经建立了可靠的胚胎冷冻保存方法，这使得胚胎移植在遗传改良方面得到了更广泛的应用，这样不需要运输活体动物或供体和受体同期发情处理。冷冻保存胚胎的另一个重要优点是，受体不必通过外源性激素与供体进行同期化处理，甚至不必与供体在同一个地区，待受体进入自然发情周期时，解冻胚胎后移植给受体即可。

（一）骆驼胚胎特点

1. 孵化胚胎缺少透明带 渗透性冷冻保护剂（CPA）在降温/升温过程中可能受到孵化胚胎缺少透明带的影响。目前，单峰驼的胚胎移植实践中，为了提高胚胎回收率，在排卵后 7d、8d 或 9d 收集孵化的胚胎。因此，其他家畜未孵化胚胎的冷冻方案不适用于骆驼的孵化胚胎冷冻。

2. 胚胎大小差异大 胚胎大小不仅在第 6～8 天不同，而且同一批冲洗胚胎之间也有很大的差异（图 7-10）。因此，研发适合不同大小胚胎的冷冻方案是一个挑战。

3. 胚胎中脂类含量大 与猪胚胎相似，骆驼胚胎中含有高浓度的脂类，这对传统的冷冻方法有不利影响。

4. 缺乏一套简便可靠的胚胎质量评价体系 冷冻胚胎的形态与其发育潜能不相关，因此，以胚胎形态评价冷冻效果和预测胚胎移植成功与否是不可靠的。

（二）低温保存（短期保存）

1. 低温保存的意义 骆驼胚胎的短期保存可以通过冷却或体外培养来实现，如果没有合适的受体，可以提供一种替代冷冻保存的方法。体外培养胚胎短期保存后的妊娠率略低于新鲜胚胎移植妊娠率，但仍在可接受的范围内。与低温冷冻和玻璃化冷冻相比，胚胎冷却是一种简单而快速的技术，需要更少的工具和更少的处理时间。冷却后的胚胎通常保持在 4℃，处于代谢抑制但仍然存活的状态。牛胚胎冷藏 48～72h 后的妊娠率分别为 42.8%～59% 和 15.4%～44%。通过对保存液的组成、pH 和载体的改变，使胚胎冷藏期延长到 3d 以上。在 4℃改良的冷却液中保存 7d 的骆驼胚胎移植后妊娠率为 75%。到目前为止，只有两项研究评估了少量冷却 24h 的胚胎移植后的妊娠率，即单峰驼妊娠率 62.5%（20/32），美洲驼妊娠率 21.4%（3/14）。

2. 低温保存过程 多余的胚胎（超过同步受体的数量）通过低温保存直到出现适合移植受体（任何在胚胎移植前 8d 注射 GnRH 7～8d 并确认排卵的受体）时即可移植。胚胎在以下三种低温保存液中随机冷却：

（1）保存液（HM） 将每个胚胎分别移入含有 1.5mL 保存液的 5 孔板培养板或含有 0.5mL 保存液的 1.5mL EP 管中。

（2）冲洗液＋胎牛血清（FM＋FCS） 胚胎在连续 4 滴的新鲜冲洗液中洗涤，然后将每个胚胎转移到 5 孔培养皿中，孔中含有 1.5mL 冲洗液中添加 10%（v/v）FCS。

（3）组织培养液（TCM-199）＋50% FCS＋HEPES（TCM199＋FCS＋HEPES）胚胎依次在 4 孔 TCM-199＋50%（v/v）＋FCS＋25mmol/L HEPES 中清洗。将以下混合物装入 0.5mL 细管中，装入顺序依次为培养液、气泡、含有 1 枚胚胎的培养液、气泡和培养液。

将装有胚胎的培养皿和 EP 管用铝箔纸包裹，细管放入特殊的容器中，然后放置在 4℃的冰箱中保存。也可放置在装有两个冷冻罐的保温箱中，将其冷却至 4℃并保存 24～36h。冷却的胚胎在 24h 后从 EP 管中回收，在新鲜的保存液中清洗，然后移植到第 5 天或第 6 天的受体中，此时妊娠率达到大约 60％。Abd-Elfattah 等（2020）研究了影响低温保存胚胎移植效果的几个因素（保存期、保存液、胚胎形状和大小以及胚胎冲洗天数）。此外，使用不同体积的保存液（0.5mL、1.5mL）和不同存储容器（Eppendorf、5 孔板和 0.5mL 细管）评估其对移植效果的影响。然而，在目前的研究中，保存液的体积和储存装置（Eppendorf 和 5 孔培养皿）对低温保存胚胎移植的结果没有任何影响。

（三）冷冻保存

胚胎冷冻保存有两种方法，一是控制速率（慢速）冷冻，二是玻璃化冷冻。

1. 控制速率（慢速）冷冻　冷冻保存的原理是使用渗透性冷冻保护剂（CPA）［如甘油、丙二醇（PROH）、二甲基亚砜和乙二醇（EG）］和非渗透性 CPA（如蔗糖、葡萄糖和海藻糖）来替代胚胎细胞内的水，防止冰晶的形成。哺乳动物卵母细胞/胚胎的慢速冷冻标准方案，通常由四个可区分的部分组成：

（1）平衡液　单一（如甘油或丙二醇）或两种（如甘油＋二甲基亚砜）渗透性 CPA（约 1.5mol/L）中添加非渗透性 CPA（约 1mol/L）。

（2）平衡时间　胚胎在平衡液中平衡 5～10min，然后以约 0.3℃/min 速率冷冻，直到植冰。

（3）植冰温度　在 −7～−4.5℃ 下进行植冰，以诱导冷冻过程，然后逐渐降温。当温度达到 −35℃ 时，可以将细管直接放入液氮中，也可以继续降温，但要快速降温（约 −50℃/min）达到 −150℃ 时，将细管储存在液氮中。

（4）解冻　将冷冻细管直接投入 32～37℃ 水浴中解冻 2min，然后在一系列浓度梯度的非渗透性 CPA（例如蔗糖，约 1mol/L）溶液中进行胚胎再水化处理大约 15min。

哺乳动物细胞内冰形成（IIF）与细胞外冰结晶相关的植冰温度有很强的相关性，确定冷冻液的最佳植冰温度可能是冷冻胚胎制作有效方案中关键所在。然而，在大多数骆驼孵化胚胎的冷冻方案中，植冰温度常常被忽略，操作人员只是简单地采用 −7℃，而这是为牛和羊的完整囊胚建立的植冰温度。

在制定冷冻保存方案的初始阶段，用缓慢冷冻方法来测试标准胚胎 CPA 对骆驼胚胎的毒性。研究结果表明，骆驼胚胎对 PROH、DMSO 和甘油敏感，但对 EG 有耐受性。随后进行了研究，以确定达到冷冻保护所需的 1.5mol/L EG 的最短平衡时间，并比较了不同的加或不加蔗糖的复水方法。胚胎平衡于乙二醇 10min，以 0.5℃/min 的速率缓慢冷却至 −33℃，然后放入液氮中，解冻时，在 0.2mol/L 蔗糖中复水 5min，能获得较高的妊娠率（37％）。与玻璃化冷冻相比，缓慢冷冻胚胎的妊娠率相对较高可能与细胞骨架完整有关。与缓慢冷冻相关的细胞死亡与未冷冻的对照细胞比较，冷冻引起肌动蛋白细胞骨架的广泛破坏，表明胚胎细胞死亡可能不像细胞骨架完整性对胚胎存活和着床那样至关重要。这说明，与玻璃化冷冻相比，慢速冷冻能够更好地保持胚胎细胞骨架的完整性。

2. 玻璃化冷冻　玻璃化冷冻由于其使用简便和有效性，目前被广泛用于人和牛卵母细胞和胚胎的冷冻保存。较高浓度的 CPA 和较高的降温/升温速率可减少冰晶的形成，从而提高生物材料的存活率。尽管目前的玻璃化冷冻方法在实验室或临床之间在技术细节上有很大差异，但有四个基本环节是相似的：

（1）平衡液和玻璃化液　分别为 7.5%（v/v）EG 和 DMSO，15%～16%（v/v）EG 和 DMSO 加蔗糖。

（2）平衡和玻璃化温度　使用室温（22～27℃）或体温（37℃），原则是温度越高，装载速度越快。

（3）平衡时间　胚胎在平衡液中平衡 3～15min，然后在 40～60s 内玻璃化。

（4）升温　在 37℃（约 2min）下，载体用蔗糖（约 1mol/L）保存液中直接升温，然后在一系列蔗糖浓度逐渐降低的溶液中依次将胚胎进行平衡，最好在室温（22～25℃）下保持 15min，以确保完全复水。

可用于玻璃化冷冻的载体有多种，但开放式拉长细管（OPS）由于成本低、使用方便，是家畜胚胎玻璃化冷冻最常用的载体。

3. 单峰驼胚胎玻璃化冷冻研究现状　首次采用 OPS 方法进行胚胎玻璃化冷冻和移植的研究未能成功。然而，使用 0.25mL 法国细管和复杂的平衡液（20%甘油＋20%乙二醇＋0.3mol/L 蔗糖＋0.375mol/L 葡萄糖＋3%聚乙二醇），分三步进行，成功冷冻了第 6～8 天的胚胎。胚胎年龄/大小似乎是影响存活率的因素，较小的第 6 天胚胎更能抵抗冷冻损伤。移植较小的胚胎可获得 38%的妊娠率（8/21），而移植较大的第 7 天或第 8 天胚胎则无妊娠。2005 年有报道称，使用高浓度 EG（7.0mol/L）和蔗糖（0.5mol/L）移植 20 枚玻璃化冷冻胚胎后首次产下活驼羔（成功率为 5%）。

Muren 等（2017）为了研发一种高效的骆驼胚胎冷冻保存程序，改良最初为人类卵母细胞和胚胎的冷冻方案，使其适用于骆驼孵化胚胎的冷冻保存。在彻底检查不同参数后，建立了一个优化方案，即 7.5% EG＋0.25mol/L 蔗糖中平衡 1min，第二个平衡溶液 15% EG＋0.5mol/L 蔗糖中平衡 2min，然后分别在 2 滴 30% EG＋1mol/L 蔗糖玻璃化冷冻液中各平衡 20s。不幸的是，尽管胚胎升温和培养后根据形态学外观评估存活率很高（91%），但在繁殖季节将 18 枚玻璃化冷冻胚胎（第 7 天或第 8 天）移植 6 个受体（每个受体 3 枚）中，最终移植以失败告终。在随后的实验中，将 10 枚玻璃化冷冻的胚胎移植到 5 个受体（每个受体 2 枚），受体在移植前 3d 肌内注射 75mg 油溶孕酮，移植后第 14 天采用超声检查确认妊娠。如果冷冻/解冻的胚胎不能产生足够的母体识别妊娠信号来维持 CL 和防止黄体溶解，可采取注射外源性孕酮。然而，仍然没有妊娠的受体，表明这些玻璃化胚胎完全缺乏继续发育的能力。这些令人沮丧的移植结果表明，目前的方案仍然需要进一步改善，重要的是冷冻胚胎的形态完整性不能作为预测 ET 结果的依据。

Muren 等（2017）观察到大多数玻璃化的孵化胚胎在培养过程中表现出正常的形态和扩张，然后在培养过程中进入休眠状态。有趣的是，猪桑椹胚和早期囊胚，在随后的玻璃化冷冻之前，通过离心和显微操作去除细胞内脂质后，放置培养液中培养时可继续发育，但发育到囊胚时处于休眠状态。然而，这些胚胎移植产生健康后代的成功率很高（9/11，82％）。因此，有理由推测，在冷冻保存前从胚胎中去除脂类不仅对存活至关重要，而且对保持发育能力尤为重要。

二、体外受精技术

卵母细胞的体外成熟（IVM）和体外受精（IVF）技术用来廉价地生产大量胚胎用于移植和其他胚胎工程研究。这些胚胎也有利于研究着床前的胚胎发育和应用新技术，如通过核移植进行胚胎克隆和生产基因编程后代。影响成功生产体外胚胎的因素有很多，如卵母细胞来源、精液来源和制备、培养液和培养条件等，这些因素在不同物种中似乎有所不同。然而，骆驼的 IVM 相关报道比较少，对于单峰驼、羊驼及美洲驼来说，体外受精和体外生产胚胎发育的有关研究非常有限。体外受精和体外受精胚胎的发育被认为是骆驼遗传改良的一种选择。

鲜精已用于单峰驼卵母细胞的 IVF，其囊胚率为 0～23％（Khatir 等，2004），而 Nowshari 和 Wani（2005）用保存于 tris-tes 稀释液的附睾精子进行 IVF 获得了 6％～17％的囊胚率。目前，在单峰驼上还没有关于保存精液用于体外受精的报道，主要是因为采集精液困难、精液的黏性大以及缺乏有效的保存液。考虑到这些问题，使用附睾精子可能是可行的选择。然而，在保存期间能保持精子活力和功能是人工授精和体外受精的先决条件，因此需要优化稀释液和保存条件，以保持精子的质量和延长受精能力。

（一）卵母细胞的体外成熟

1. 卵母细胞的采集

（1）活体采集　从活体动物中采集卵母细胞通常有两种方法，即手术法和经阴道超声引导下抽吸（活体采卵，OPU）。这两种方法都已用于骆驼卵母细胞的采集。然而，手术收集卵母细胞有一些缺点，如用 hCG 诱导排卵后 12～24h，卵母细胞通常处于成熟的晚期。此外，卵泡变得脆弱，容易出血，导致卵母细胞回收率低。除了这些缺点之外，手术方法需要一定时间来完成，如单峰驼中，手术法抽吸单侧卵巢大约需要 30min，而用 OPU 法抽吸卵母细胞时，两个卵巢需要 8～10min。此外，Tinson 等（2001）表明，使用手术法收集骆驼卵母细胞回收率（59.6％）比非手术法更高（29％）。Wani 和 Skidmore（2010）进行的另一项研究表明，用 OPU 法收集单峰驼卵母细胞，平均每头回收（12.12±7.9）个卵丘卵母细胞复合体（COCs），每个抽吸的卵泡卵母细胞的回收率为 77％（Wani 和 Skidmore，2010）。超过 90％的收集的 COCs 被周围松散而膨胀的卵丘细胞包围（Wani 和 Skidmore，2010）。在同一项研究中，评估收集的卵母细胞的成熟率发现，与注射 GnRH 后 24～25h 卵母细胞成熟比（40.4±16.3）相比较，在注射 GnRH 后 28～29h 和 26～27h 获得的成熟卵母细胞比例分别（91.2±4.1）和（82.1±3.4），明显高于 24～25h 组（Wani 和 Skidmore，2010）。研究显示，单峰母驼注射 GnRH 后 26～28h，采用 OPU 技术可收集 80％～90％的成熟卵母细胞。卵母细胞的发育情况，OPU 采集的卵母细胞优于离体卵巢收集的卵母细胞，但是二者在发育能力方面均无差异。

（2）离体采集　IVP 的传统卵母细胞来源是屠宰场获得的卵巢。从家畜离体卵巢收集卵母细胞的方法有 4 种：卵泡剥离法、卵泡抽吸法、卵巢切割法和卵巢可见卵泡穿刺法。众所周知，卵泡抽吸法被认为是单峰驼卵母细胞回收的最适宜的方法。如果采用卵巢切割法，会导致出血卵泡释放大量血液进入采集液（Purohit 等，1999）。此外，骆驼卵巢表面的卵泡明显突起呈球形、离散、厚壁结构（El Wishy 和 Hemeida，1984；Arthur 等，1985），适合抽吸。采用卵泡抽吸法收集骆驼卵母细胞（4.0 枚卵母细胞/卵巢）比卵泡剥离法和卵巢切割法（分别为 2.3 枚和 0.7 枚卵母细胞/卵巢）获得的卵母细胞回收率更高（Purohit 等，1999）。然而，Ghoneim（1999）用切割法收集单峰驼卵母细胞，每侧卵巢回收 5.9 枚 COCs，这与 Mahmoud 等（2003）用抽吸法收集单峰驼卵母细胞（5.3 枚卵母细胞/卵巢）的报道结果相似。随后的研究将回收的卵母细胞按其质量分为 COC（29.27%）、部分卵母细胞复合体（POC，32.90%）、裸卵母细胞（DO，32.61%）和退化卵母细胞（5.21%）（Mahmoud 等，2003）。Abdoon（2001）报告，与卵泡抽吸法（8.7 枚卵母细胞/卵巢）相比，切割法可提高单峰驼卵母细胞的回收率（10.8 枚卵母细胞/卵巢）。Abdoon（2001）又发现，用 20 号针抽吸卵泡比用 19 号针或 18 号针抽吸卵泡能提高卵母细胞的回收率和质量。Nowshari（2005）比较了 3 种单峰驼卵母细胞的收集方法，即用 18 号针头注射器抽吸卵泡（方法Ⅰ）、用固定抽吸压力（100mmHg）的针头抽吸卵泡（方法Ⅱ）和卵泡剥离法（方法Ⅲ）对卵母细胞回收率的影响。结果显示，方法Ⅲ卵母细胞回收率（482/513，94%）高于方法Ⅰ（341/1 041，31%）和方法Ⅱ（249/807，33%）（Nowshari，2005）。

单峰驼卵母细胞的超微结构和形态特征研究显示，COCs 是由致密的浅暗和半暗细胞组成的多层结构。卵丘细胞多为多边形，有些是圆形和拉长的（Nili 等，2004；Kafi 等，2005）。Torner（2003）研究表明，大多数回收的 COCs 中，卵丘细胞致密度（55.0%～56.5%）和扩散度（58.4%～60.0%）不同的卵母细胞核处于双线期未成熟状态，两种 COCs 类型的未成熟卵母细胞比例相似。Moawad（2005）报道，有卵丘细胞的骆驼卵母细胞进行 IVM，成熟率（60.3%）显著高于没有卵丘细胞的卵母细胞（裸卵母细胞）的成熟率（38.0%）。利用体视显微镜，选择至少有 1～3 层致密卵丘细胞和卵质均匀呈深暗的 COCs（图 7-15），弃掉卵丘细胞包围退化的卵母细胞的 COCs。

2. 卵母细胞体外培养

（1）培养液　IVM 培养液及其他成分对体外受精后的成熟状态和随后的胚胎发育起着至关重要的作用（Rose 和 Bavister，1992）。IVM 培养液分为简单培养液和复杂培养液。简单的培养液通常是碳酸氢盐缓冲体系，含有丙酮酸盐、乳酸和葡萄糖的生理盐水，它们的离子浓度和能量源不同。除了简单培养液的基本成分外，复杂培养液还包括氨基酸、维生素和嘌呤。不同哺乳动物卵母细胞体外成熟的培养液也不同。这些培养液包括 TCM-199 最低基本培养液（MEM）和 Ham's F-10。在大多数体外受精实验室，TCM-199 被认为是最常用的体外受精培养液，其有一些成分如必需氨基酸和谷

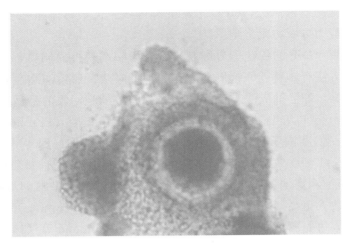

图 7-15　单峰驼卵丘卵母细胞复合体（COCs）
注：胞质呈颗粒状，周围有 3 层以上的卵丘细胞（1 级 COCs）
（资料来源：Moawad，2020）

氨酰胺，刺激 DNA 和 RNA 的合成，促进细胞分裂。到目前为止，用于骆驼卵母细胞体外成熟的条件借鉴了其他家畜的成熟条件。然而，物种差异会影响成熟结果。TCM-199 和 Ham's F-10 曾用于单峰驼卵母细胞的成熟培养。很少有研究比较不同成熟培养液对单峰驼体外受精率的影响。TCM-199 或 Ham's F-10 培养液对单峰驼卵母细胞体外成熟率的影响研究发现，对卵母细胞成熟率影响不显著（分别为 45.2% 和 40.3%）（Moawad，2005）。

（2）培养温度、湿度和气相　骆驼卵母细胞体外成熟培养温度为 38.5～39℃。常用的气相为 5% 的 CO_2 培养箱。在 IVM 体系中采用饱和湿度，目的是防止培养液蒸发改变培养液成分或浓度，从而保持稳定的 pH 和渗透压。

（3）培养时间　骆驼 IVM 时间一般为 24～36h，如果 IVM 时间增加到 48～72h，可增加卵母细胞退化率（分别为 21.6% 和 29.0%）。在单峰驼中，记录的妊娠和未妊娠母驼的卵母细胞培养 24h 后的成熟率分别为 17.4%（4/23）和 16.6%（6/36）（Ghoneim，1999）。Abdoon（2001）将单峰驼卵母细胞培养 36h 后，卵丘细胞扩散率（92.0%）和核成熟率（85.4%）都很高。Kafi 等（2002）发现，在 IVM 6h 后，单峰驼 40% 的 COC 显示卵丘细胞完全扩散，并且 IVM 30h 时卵丘细胞扩散程度显著增加；培养 42h 时，与培养 30h 的 66.0% 比较，极体挤出率达到峰值（71%）（Kafi 等，2002）（图 7-16）。

（4）培养方法　常用的培养方法有微滴法和开放法。微滴法是将成熟培养液在组织培养皿中做成 50～100μL 的微滴并覆盖液状石蜡，然后将数枚或数十枚卵母细胞放入其中进行培养。开放法是将 1～2mL 成熟培养液放入 4 孔培养板内，每孔可根据需要放入 50～200 枚卵母细胞，不用覆盖液状石蜡。Wani（2009）将收集的 COC 随机分布在 4 孔培养板，用 500μL 成熟培养液，每孔放入 20～25 枚 COC 进行成熟培养。

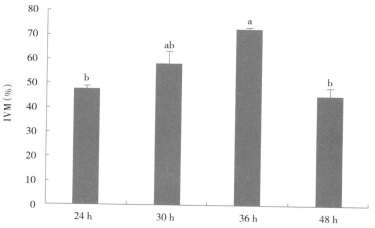

图 7-16　单峰驼 COCs 体外培养时间对成熟率的影响

注：不同小写字母表示差异显著（$P < 0.05$）

（资料来源：Moawad，2020）

3. 卵母细胞体外成熟的判定　卵母细胞的成熟涉及核、质、膜、卵丘细胞和透明带成熟的一系列变化，在形态上表现为纺锤体形成，核仁致密化，染色质高度浓缩形成染色体，第一极体释放，卵丘细胞扩散、膨胀且透明带柔化。COC 经过培养后，在显微镜下可以观察到卵丘细胞扩散，第一极体释放（图 7-17），用 DNA 特异性染料染色后，在显微镜下进行核相观察，可见卵母细胞处于 M II 期。

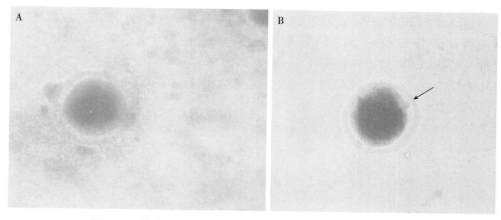

图 7-17　单峰驼卵母细胞体外培养（A）和卵丘细胞扩张（B）

注：箭头指向卵母细胞 IVM 的第一极体

（资料来源：Moawad，2005）

（二）体外受精

1. 精子制备　精子制备一般采用悬浮法、离心法和 Percoll 密度梯度离心法。Moawad（2011）采用悬浮法分离精子。Khatir（2009）将新鲜精液在 Percoll 密度梯度（1.5mL 为 22.5%，1.5mL 为 45%）上以 700g 离心 25min，制备精子。

2. 精子获能处理　在骆驼中，已有研究表明，双峰驼附睾精子经咖啡因和牛血清白蛋白处理2h，受精率为43%。Moawad（2011）研究不同的获能药品5mmol/L咖啡因、10μg/mL肝素、10mg/mL茶碱、1mmol/L钙离子载体A23178和10μg肝素＋5mmol/L咖啡因对骆驼卵母细胞受精率和随后发育的影响。结果显示，5mmol/L咖啡因处理组附睾精子的受精率（61.9%）显著高于钙离子载体A23178处理组（32.4%）。这些数值与其他组无显著差异（肝素组、茶碱组和肝素＋咖啡因组分别为38.5%、54.1%和50.0%）。除获能剂外，体外受精液的种类和其他添加剂也会影响受精率。

3. 受精　卵母细胞体外受精的培养方法主要有微滴法和4孔培养板法。Khatir（2009）在4孔板加入250μL受精液（TALP），每孔25枚体外成熟的卵母细胞，然后加入获能的精子$1×10^6$个/mL，而后在38.5℃、5% CO_2、湿度大于95%的培养箱中培养18h。

（三）早期胚胎的体外培养

Khatir等（2005）将受精卵转移到培养孔（50μL微滴中2枚胚胎），覆盖矿物油，放置于5% CO_2、5% O_2、90% N_2的高湿度培养箱中，在38.5℃的环境中培养4h后添加胎牛血清（FCS 10%）。培养48h后记录第一次卵裂（2~8个细胞）。在IVC第5天和第6天评估发育到桑椹胚和/或囊胚期的胚胎数量（图7-18）。第6天和第7天记录孵化情况。在大多数体外受精研究中，单峰驼的卵裂率10%~65%，囊胚率0~34%。这些研究中观察到的差异可能归因于不同的因素，如精液来源（附睾与新鲜精液）、培养液以及卵母细胞的发育能力。科研人员已经开发了各种培养液用于培养单峰驼受精卵，包括添加FCS的TCM-199，TCM-199通过发情单峰驼血清（EDS）增强和钾单纯形优化培养液（KSOM）。TCM-199培养液与输卵管细胞共培养系统培养体外产生的单峰驼受精卵，其卵裂率和囊胚率（分别为61%和10%）高于在添加颗粒细胞共培养系统中的受精卵（分别为45%和0）（Khatir等，2004）。

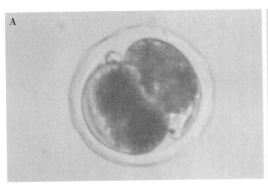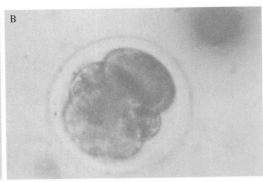

图7-18　单峰驼IVM/IVF 2日龄胚胎
A. 2细胞胚胎　B. 4细胞胚胎
（资料来源：Moawad，2005）

选择和基因编程会导致生物多样性丧失，抗病能力及生殖能力下降，对环境变化的适应能力差。辅助生殖技术（ARTs）的应用引起了许多问题，一方面是动物健康、福利和完整性有关的伦理，另一方面是人类、生物的完整性和环境问题。ARTs 如人工授精、超数排卵、胚胎移植和 IVF 可以克服繁殖率低的问题，改善遗传基础。在单峰骆驼中，成功的体外受精技术有可能克服包括输卵管异常不孕，超数排卵后胚胎回收率低等问题。此外，体外受精技术将有助于更好地理解受精的基本机制并促进胚胎早期发育和其他技术的发展，包括卵母细胞和胚胎的冷冻保存、胚胎性别鉴定、体细胞克隆等以及转基因。今后，体外培养卵母细胞和体外受精是决定骆驼 IVP 成功的关键步骤。

三、种间胚胎移植

Niasari-Naslaji 等（2009）探讨了双峰驼的胚胎移植到单峰驼受体的可能性，通过试验使单峰驼产下第一头双峰驼驼羔（图 7-19）。Muren Herrid 和娜仁花等（2020）通过低温保存 35h 的单峰驼胚胎移植到双峰驼产下 2 峰健康的公驼羔（图 7-20），证实了双峰驼和单峰驼种间胚胎移植是可行的。目前的研究表明，骆驼科动物都有 37 对染色体，有可能通过一个物种来保护另一个物种。种间胚胎移植羊驼与美洲驼（Godke，2001）、奶牛和瘤牛（Summers 等，1983），马和驴（Summers 等，1987；Allen 等，1993），摩弗伦羊和绵羊（Dixon 等，2007）已获得成功。已有研究表明，生殖生理、妊娠期、胎盘形成、染色体数目、杂交后可育后代的产生以及个体大小等方面的相似性是种间胚胎移植成功的重要因素。单峰驼和双峰驼具有相同的染色体数目，胎盘和生殖生理相似。此外，单峰驼（365～410d）和双峰驼（374～419d）的妊娠期也非常相似。上述 2 项研究中的妊娠期（379±5）d 在先前报道的范围内。最后，单峰驼和双峰驼共存生态区杂交而产生了可育后代。生理上的相似性和成功的种间胚胎移植表明，这两个物种在生殖生理上可能还有其他未知的相似性。雌激素诱导的单峰驼母驼妊娠识别、胎盘的组织结构以及整个妊娠期间激素变化的模式可能与双峰驼相似，而双峰驼在这些方面研究报道很少。因此，对于双峰驼和单峰驼来说，成功的种间胚胎移植的所有必要标准似乎都已经具备。

图 7-19　双峰驼新鲜胚胎移植到单峰驼产下双峰驼驼羔

（资料来源：Niasari-Naslaji，2009）

图 7-20 低温保存单峰驼胚胎移植到双峰驼产下单峰驼驼羔

然而，关于单峰驼、双峰驼与羊驼、美洲驼、原驼、小羊驼等之间的种间胚胎移植是否可行的问题还有待研究。Skidmore（2001）报道，骆驼种间成功杂交，公驼交配 34 峰原驼母驼，产生一个杂种后代。分析其原因，可能与两个物种之间在个体悬殊和妊娠期长度上的不相容性有关。用单峰驼的精液授精原驼，杂交后代的妊娠期为328d，而羊驼、美洲驼、原驼和小羊驼（骆马）的妊娠期分别为 330～351d、327～357d、345d 和 346～356d。单峰驼的妊娠期为 365～410d。研究认为，两个物种之间的杂交能否成功取决于一个物种的精子与另一个物种的卵母细胞能否结合。此外，已经确定，在受精卵中，父系基因组对于胚外组织的正常发育是必不可少的，而母系基因组对于胚胎发生的某些阶段是必不可少的。因此，杂交失败可能是当时的基因印记决定的。虽然精卵结合的并发症和杂种的遗传异常不被认为是种间胚胎移植的问题，但免疫排斥、胎盘不相容性和种特异性妊娠相关糖蛋白的异常浓度可能导致种间胚胎移植的失败。在自然条件下，骆驼确实有双排卵（14%），但双羔发生率仅为 0.4%。因此，骆驼与母马类似，当子宫中存在多个胚胎时，存在非免疫胚胎减少机制。因此，为了提高受胎率而不期望有双胎妊娠，骆驼一次可以移植 2 枚胚胎是可取的，但这可能与分娩时的并发症和/或出生较弱的后代有关。

这一项技术可以用来拯救濒临灭绝的野生双峰驼，因为骆驼胚胎可以成功地冷冻保存、解冻和移植，骆驼科动物胚胎可以引入到其原产国以外的国家，只要其环境中有骆驼科动物生存。

四、克隆技术

种间体细胞克隆（iSCNT）已成功应用于一些动物，如用家猫卵母细胞生产野猫和沙猫；用犬卵母细胞生产郊狼幼崽；用牛卵母细胞重构胚胎生产印度野牛犊；甚至用摩弗伦羊作为供体，绵羊作为受体重建的 iSCNT 胚胎可发育到分娩。也有报道称，亚种间体细胞克隆产生了波尔山羊和苍狼的健康后代。然而，属和种之间体细胞克隆，如豹猫作为核供体和家猫卵母细胞重建的胚胎能够着床并形成胎儿，但是胎儿未能发育到足月分娩。

正如上述大多数研究，当供体和受体物种具有相似生殖生理、妊娠期和胎盘时，iSCNT 更有效。单峰驼和双峰驼都有弥散形上皮绒毛膜胎盘和相似的生殖生理。双峰驼的妊娠期为（374±419）d，与单峰驼的（365±410）d 相似。双峰驼和单峰驼共存生态区域，杂交可以孕育后代。自然生产的活杂交后代表明，两个物种核质之间存在一定的相容性，所以自然杂交的物种对 iSCNT 表现良好。随着物种分化的增加，维持胚胎发育的能力逐渐下降到完全不能相容。母系遗传因素不能激活胚胎基因组，供体基因组不适当去甲基化和核线粒体的不相容性都可能导致 iSCNT 胚胎的早期死亡。必须记住的是，即使是同一物种的 SCNT 胚胎，尽管着床前发育良好，但是发育到足月以及产活后代仍然很低。

Wani（2017）研究发现，双峰驼和单峰驼 iSCNT 生产的驼羔（图 7-21）分娩时没有任何并发症和/或胎盘异常，妊娠期在正常范围内，而牛和水牛重构克隆胚胎的妊娠期更长。单峰驼驼羔生长发育正常。然而，双峰驼驼羔在第 7 天时出现急性高热，不幸在几个小时内出现休克和急性败血症而死亡。该疾病是初乳免疫球蛋白被动运输失败而血液循环中免疫球蛋白缺乏导致。这种疾病是驼羔死亡的主要因素，据报道死亡率在 25%～100%。驼羔出生后，从初乳中通过肠道吸收免疫球蛋白而对该疾病起到被动保护作用。尽管新生驼羔在出生时具有免疫活性，但其内源性抗体的产生不足以在出生后的头几个月内产生保护性免疫球蛋白水平。球蛋白功能在出生时自然很低，即使摄入足够的初乳抗体，球蛋白水平在第 7 天之后下降，这导致幼年骆驼在此期间损失最大。许多因素（包括饲养、气候、运输和处理等）均可触发这种疾病在驼羔中发生。

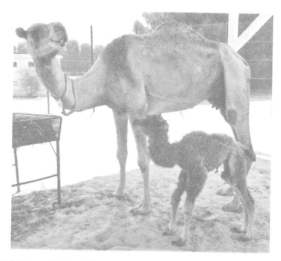

图 7-21　体细胞核移植克隆双峰驼与代孕单峰驼母驼
（资料来源：Wani，2010）

Wani（2017）证明了双峰驼和美洲驼分化的体细胞可以在单峰驼的细胞质中重新

编程并启动另一轮胚胎发育。与对照组相比，重组种间核移植胚的融合率和卵裂率也无明显差异。然而，用美洲驼皮肤层纤维细胞重建的胚胎发育到囊胚的数量低于双峰驼和单峰驼纤维细胞重构的胚胎的囊胚数量。细胞来源、培养和分类以及受体胞质等诸多因素可能是造成这些差异的原因。美洲驼和单峰驼同属于骆驼科，生殖生理相似，但个体大小差异较大。尽管许多研究报道，当核供体和受体卵母细胞在分类学上有着非常遥远的关系时，也能生产 iSCNT 桑椹胚和囊胚，如牛-猪、骆驼-藏羚、人-兔、犬-猪、虎-猪、人-牛、人-羊或鸡-兔组合等。Wani（2017）研究显示，由于缺乏足够的受体，未能移植这些克隆胚胎，还需要进一步研究，以确定是否可以妊娠及这种胚胎能否生产活的驼羔。

虽然目前的克隆技术有一些局限性，但有关 iSCNT 程序的知识正在迅速发展，技术也在日新月异。Wani（2017）研究表明，该技术在野生双峰驼等濒危物种的保护中具有潜在的应用价值，并为物种的延续提供可行的技术手段。与野生双峰驼亲缘关系密切的单峰驼可以作为受体卵母细胞的来源，也可以代孕重组 iSCNT 胚胎到足月。尽管一些生物保护学家可能会争辩克隆技术会降低种畜的遗传变异性，并会破坏其他保护工作，但这项技术也有可能保留甚至扩大遗传变异性。如果从活的动物身上采集皮肤，尽可能建立多的细胞系，可以通过克隆来恢复原始的遗传多样性。

总之，Wani（2017）首次报道了 iSCNT 利用单峰驼作为卵母细胞来源并代孕生产双峰驼。这项研究为加强面临灭绝威胁的野生双峰驼的繁殖和保护打开了一扇门。野生双峰驼是地球上第八大濒危大型哺乳动物。同时也发现，双峰驼皮肤层纤维细胞可以培养、扩增和冷冻而不会丧失其支持 iSCNT 胚胎发育的能力。需要从尽可能多的野生和圈养野生双峰驼中收集皮肤组织并建立细胞系，以储存在细胞/基因库中。当种群数量面临危机时，这些细胞可以通过 iSCNT 技术生产动物来恢复遗传多样性。

主要参考文献

Abd-Elfattah A, Agag M, Nasef M, et al, 2020. Preservation of dromedary camel embryos at 4℃ for up to 5 days: Factors affecting the pregnancy and pregnancy loss rates [J]. Theriogenology, 143: 44-49.

Abd-Elgadir A M M, 2018. Measurements of Milk Flow and Udder Morphology and Their Impact on Milkability and Selecting of Dairy Camel's (Camelus dromedarius) Under Intensive System [D]. Khartoum: Sudan University of Science & Technology.

Abdel-Khalek E A, El-Harairy M A, Shamiah S M, et al, 2010. Effect of ovary preservation period on recovery rate and categories of dromedary camel oocytes [J]. Saudi journal of biological sciences, 17 (3): 231-235.

Abd-Elmaksoud A, Sayed-Ahmed A, Kassab M, et al, 2008. Histochemical mapping of glycoconjugates in the testis of the one humped camel (Camelus dromedarius) during rutting and non-rutting seasons [J]. Acta histochemica, 110 (2): 124-133.

Accogli G, Monaco D, El Bahrawy K A, et al, 2014. Morphological and glycan features of the camel oviduct epithelium [J]. Annals of Anatomy-Anatomischer Anzeiger, 196 (4): 197-205.

Ali A, Derar D, Alsharari A, Alsharari A, Khalil R, Almundarij T I, Alboti Y, Al-Sobayil F, 2018. Factors affecting reproductive performance in dromedary camel herds in Saudi Arabia [J]. Tropical Animal Health and Production, 50 (5): 1155-1160.

Ainani H, Achaaban M R, Tibary A, et al, 2018. Environmental and neuroendocrine control of breeding activity in the dromedary camel [J]. Revue Marocaine des Sciences Agronomiques et Vétérinaires, 6 (2): 143-157.

Al-Bulushi S, Manjunatha B M, Bathgate R, et al, 2019. Artificial insemination with fresh, liquid stored and frozen thawed semen in dromedary camels [J]. Plos one, 14 (11): e0224992.

Al-Bulushi S, Manjunatha B M, De Graaf S P, 2019. Reproductive seasonality of male dromedary camels [J]. Animal reproduction science, 202: 10-20.

Al-Qarawi A A, 2005. Infertility in the dromedary bull: a review of causes, relations and implications [J]. Animal reproduction science, 87 (1-2): 73-92.

Ali A, Derar D R, 2019. Pregnancy diagnosis in dromedary: comparison between transrectal and transabdominal ultrasonography [J]. Journal of Camel Health. December, 1 (1): 20-24.

Ali A, Derar R, Al-Sobayil F, et al, 2015. A retrospective study on clinical findings of 7300 cases (2007-2014) of barren female dromedaries [J]. Theriogenology, 84 (3): 452-456.

Ali H A, MD Tingari, Moniem K A, 1978. On the morphology of the accessory male glands and histochemistry of the ampulla ductus deferentis of the camel (Camelus dromedarius) . [J]. Journal of Anatomy, 125 (2): 277-292.

Ali H M, Qureshi A S, Hussain R, et al, 2017. Effects of natural environment on reproductive histo-morphometric dynamics of female dromedary camel [J]. Animal reproduction science, 181: 30-40.

Ali S，Ahmad N，Akhtar N，et al，2007. Effect of season and age on the ovarian size and activity of one-humped camel (Camelus dromedarius) [J]. Asian-Australasian Journal of Animal Sciences，20 (9)：1361-1366.

Anouassi A，Tibary A，2013. Development of a large commercial camel embryo transfer program：20 years of scientific research [J]. Animal reproduction science，136 (3)：211-221.

Ararooti T，Niasari-Naslaji A，Razavi K，et al，2017. Comparing three superovulation protocols in dromedary camels：FSH，eCG-FSH and hMG [J]. Iranian journal of veterinary research，18 (4)：249.

Arthur G H，Al-Rahim A T，Al-Hindi A S，1985. Reproduction and genital diseases of camels [J]. Br Vet J，141 (6)：650-659.

Aziz M A，Faye B，Al-Eknah M，et al，2016. Modeling lactation curve of Saudi camels using the linear and non-linear forms of the incomplete Gamma function [J]. Small Ruminant Research，137：40-46.

Basiouni G F，2007. Follicular wave pattern，folliculogenesis and assisted reproductive techniques in the non-pregnant female dromedary camel (Camelus dromedarius)：A Review [J]. Journal of Biological Sciences，7 (6)：1038-1045.

Bello A，Umaru M A，2013. An over view on the anatomy and physiology of male one humped camel (Camelus Dromedarius) reproductive system [J]. Scientific Journal of Review，2 (12)：340-347.

Bello A，Bodinga H，2020. Common reproductive problem associated with one humped camel (Camelus dromedarius) in West Africa [J]. Insights in Veterinary Science，4 (1)：001-003.

Bhutto A L，Murray R D，Woldehiwet Z，2010. Udder shape and teat-end lesions as potential risk factors for high somatic cell counts and intra-mammary infections in dairy cows [J]. Veterinary Journal，183 (1)：63-67.

Burger P A，Ciani E，Faye B，2019. Old World camels in a modern world-a balancing act between conservation and genetic improvement [J]. Animal genetics，50 (6)：598-612.

Cary J A，Madill S，Farnsworth K，et al，2004. A comparison of electroejaculation and epididymal sperm collection techniques in stallions [J]. The Canadian Veterinary Journal，45 (1)：35.

Davoodian N，Mesbah F，Kafi M，2011. Oocyte ultrastructural characteristics in camel (Camelus dromedarius) primordial to large antral follicles [J]. Anatomia，histologia，embryologia，40 (2)：120-127.

Deen A，2013. Reproductive performance in camel (Camelus dromedarius) [J]. Camel：An International Journal of Veterinary Sciences，1 (1)：13-27.

Deen A，Vyas S，Sahani M S，2003. Semen collection，cryopreservation and artificial insemination in the dromedary camel [J]. Animal Reproduction Science，77 (3-4)：223-233.

Deen A，2008. Testosterone profiles and their correlation with sexual libido in male camels [J]. Research in Veterinary Science，85 (2)：220-226.

Degen A A，Lee D G，1982. The Male Genital Tract of the Dromedry (One-Humped) Camel (Camelus dromedarius)：Gross and Microscopic Anatomy [J]. Anatomia，histologia，embryologia，11 (3)：267-282.

Derar R，Ali A，Al-Sobayil F A，2014. The postpartum period in dromedary camels：Uterine involution，ovarian activity，hormonal changes，and response to GnRH treatment [J]. Animal reproduction science, 151 (3-4): 186-193.

Dufour J J, Roy G L, 1985. Distribution of ovarian follicular populations in the dairy cow within 35 days after parturition [J]. Reproduction, 73 (1): 229-235.

Ebada S, Helal A, Alkafafy M, 2012. Immunohistochemical studies on the poll gland of the dromedary camel (Camelus dromedarius) during the rutting season [J] Acta histochemica, 114 (4): 363-369.

Eiwishy A B, 1987. Reproduction in the female dromedary (Camelus dromedarius): a review [J]. Animal Reproduction Science, 15 (3-4): 273-297.

El-Badry D A, Scholkamy T H, Anwer A M, et al, 2015. Assessment of Freezability and Functional Integrity of Dromedary Camel Spermatozoa Harvested from Caput, Corpus and Cauda Epididymides [J]. Alexandria Journal for Veterinary Sciences, 44 (1): 147-158.

El-Bahrawy K A, EE El-Hassanien, Fateh E A Z, et al, 2006. Semen Characteristics of Camels Raised Under Hot Arid Egyptian Conditions and Its Freezability after Dilution in Different Extenders [C] // International Scientific Camel Conference, 9-11 May, El-Qaseem, KSA.

El-Belely M S, 1994. Endocrine changes, with emphasis on 13, 14-dihydro-15-keto-prostaglandin F2α and corticosteroids, before and during parturition in dromedary camels (Camelus dromedarius) [J]. The Journal of Agricultural Science, 122 (2): 315-323.

El-Harairy M A, Attia K A, 2010. Effect of age, pubertal stage and season on testosterone concentration in male dromedary camel [J]. Saudi Journal of Biological Sciences, 17 (3): 227-230.

El-Hassanein E S, 2017. Prospects of improving semen collection and preservation from elite dromedary camel breeds [J]. World Vet. J, 7 (2): 47-64.

El-Hassanein E S, 2017. Prospects of improving semen collection and preservation from elite dromedary camel breeds [J]. World Vet. J, 7 (2): 47-64.

Elias E, Cohen D, 1986. Parturition in the camel (Camelus dromedarius) and some behavioral aspects of their newborn [J]. Comparative biochemistry and physiology. A, Comparative physiology, 84 (3): 413-419.

El-Manna MM, Tingari M D, Ahmed A K, 1986. Studies on camel semen. II. Biochemical characteristics [J]. Animal Reproduction Science, 12 (3): 223-231.

El-Shoukary R D, Nasreldin N, Osman A S, et al, 2020. Housing management of male dromedaries during the rut season: effects of social contact between males and movement control on sexual behavior, blood metabolites and hormonal balance [J]. Animals, 10 (9): 1621.

Elwishy A B, 1988. Reproduction in the male dromedary (Camelus dromedarius): a review [J]. Animal Reproduction Science, 17 (3/4): 217-241.

Emam M A, 2014. Immunohistochemical localization of androgen and progesterone receptors in the uterus of the camel (Camelus dromedarius) [J]. Acta histochemica, 116 (8): 1225-1230.

Fathi M, Ashry M, Salama A, et al, 2017. Developmental competence of Dromedary camel (Camelus dromedarius) oocytes selected using brilliant cresyl blue staining [J]. Zygote, 25 (4): 529-536.

Fathi M, Seida A A, Sobhy R R, et al, 2014. Caffeine supplementation during IVM improves frequencies of nuclear maturation and preimplantation development of dromedary camel oocytes following IVF [J]. Theriogenology, 81 (9): 1286-1292.

Fatnassi M, Padalino B, Monaco D, et al, 2014. Effect of different management systems on rutting behavior and behavioral repertoire of housed Maghrebi male camels (Camelus dromedarius) [J]. Tropical animal health and production, 46 (5): 861-867.

Fatnassi M, Padalino B, Monaco D, et al, 2016. Effect of continuous female exposure on behavioral repertoire and stereotypical behaviors in restrained male dromedary camels during the onset of the breeding season [J]. Tropical animal health and production, 48 (5): 897-903.

Faye B, 2018. The improvement of camel reproduction performances: just a technical question? [J]. Rev. Mar. Sci. Agron. Vét, 6 (2): 265-269.

Fernández-Baca S, 1993. Manipulation of reproductive functions in male and female New World camelids [J]. Animal reproduction science, 33 (1/4): 307-323.

Gakkhar N, Bhatia A, Bhojak N, 2015. Comparative study on physiochemical properties of various milk samples [J]. International Journal of Recent Scientific Research, 6 (6): 4436-4439.

Gakkhar N, Bhatia A, Bhojak N, 2015. Comparative study on physiochemical properties of various milk samples [J]. International Journal of Recent Scientific Research, 6 (6): 4436-4439.

Ghazi R, 1981. Angioarchitectural studies of the utero-ovarian component in the camel (Camelus dromedarius) [J]. Reproduction, 61 (1): 43-46.

Gherissi D E, Bouzebda Z, Bouzebda-Afri F, et al, 2020. Ecophysiology of camel ovarian functioning under extremely arid conditions in Algeria [J]. Euro-Mediterranean Journal for Environmental Integration, 5 (3): 1-9.

Ghoneim I M, Al-Ahmad J A, Fayez M M, et al, 2021. Characterization of microbes associated with cervico-vaginal adhesion in the reproductive system of camels (Camelus dromedaries) [J]. Tropical Animal Health and Production, 53 (1): 1-11.

Ghoneim I M, Waheed M M, Al-Hofofi A N, et al, 2014. Evaluation of the microbial quality of fresh ejaculates of camel (Camelus dromedarius) semen [J]. Animal reproduction science, 149 (3/4): 218-223.

Ghoneim I M, Waheed M M, El-Bahr S M, et al, 2013. Comparison of some biochemical and hormonal constituents of oversized follicles and preovulatory follicles in camels (Camelus dromedarius) [J]. Theriogenology, 2013, 79 (4): 647-652.

Habib H M, Ibrahim W H, Schneider-Stock R, et al, 2013. Camel milk lactoferrin reduces the proliferation of colorectal cancer cells and exerts antioxidant and DNA damage inhibitory activities [J]. Food Chemistry, 141 (1): 148-152.

Hafez E S E, Hafez B, 2001. Reproductive parameters of male dromedary and bactrian camels [J]. Archives of andrology, 46 (2): 85-98.

Hafez E S E, Hafez B, 2001. Reproductive parameters of male dromedary and bactrian camels [J]. Archives of andrology, 46 (2): 85-98.

Hernández-Castellano L E, Nally J E, Lindahl J, 2019. Dairy science and health in the tropics: challenges and opportunities for the next decades [J]. Tropical Animal Health and Production, 51: 1009-1017.

Herrid M, Vajta G, Skidmore J A, 2017. Current status and future direction of cryopreservation of camelid embryos [J]. Theriogenology, 89: 20-25.

Ibrahim Z H, Al-Kheraije K A, 2021. Seasonal morphology and immunoreactivity of cytokeratin and atrial natriuretic peptide in dromedary camel poll glands [J]. Anat Histol Embryol, 50 (2): 307-315.

Ibrahim Z H, Singh S K, 2014. Histological and morphometric studies on the dromedary camel epididymis in relation to reproductive activity [J]. Animal reproduction science, 149 (3/4): 212-217.

Jararr B, 2015. Normal Pattern of the Camel Histology [M]. International Association of Teachers of English as a Foreign Language.

Jilo K, Tegegne D, 2016. Chemical composition and medicinal values of camel milk [J]. International Journal of Research Studies in Biosciences, 4 (4): 13-25.

Jochle W, Merkt H, Sieme H, et al, 1990. Sedation and Analgesia with detomindine hydrochloride DOMOSEDAN® in Camelids for rectal examination and electroejaculation [C] //Proc. Unite de Coordination pour l'Elevage Camelin Workshop: Is it Possible to Improve the Reproductive Performance of the Camel: 263-271.

Juyena N S, Stelletta C, 2012. Seminal plasma: an essential attribute to spermatozoa [J]. Journal of andrology, 33 (4): 536-551.

KBrandlová, Barto L, T Haberová, 2013. Camel calves as opportunistic milk thefts? The first description of allosuckling in domestic bactrian camel (Camelus bactrianus) [J]. PLoS One, 8 (1): e53052.

Kafia M, Mesbahb F, Nilia H, Khalili A, 2005. Chronological and ultrastructural changes in camel (camelus dromedarius) oocytes during in vitro maturation [J]. Theriogenology, 63 (9): 2458-2470.

Kanwar J R, Roy K, Patel Y, 2015. Multifunctional iron bound lactoferrin and nanomedicinal approaches to enhance its bioactive functions [J]. Molecules, 20 (6): 9703-9731.

Kaskous S, 2018. Physiology of lactation and machine milking in dromedary she-camel [J]. Emirates Journal of Food and Agriculture, 30 (4): 295-303.

Kershaw-Young C M, Maxwell W, 2012. Seminal plasma components in camelids and comparisons with other species [J]. Reprod Dom Anim, 47 (Suppl. 4): 369-375.

Khalifa M A, Abd El-Hamid I S, Rateb S A, 2020. Induction of synchronized multiple ovulation in dromedary camels during the early non-breeding season [J]. Small Ruminant Research, 182: 67-72.

Khatir H, Anouassi A, Tibary A, 2009. In vitro and in vivo developmental competence of dromedary (Camelus dromedarius) oocytes following in vitro fertilization or parthenogenetic activation [J]. Animal reproduction science, 113 (1/4): 212-219.

Klosen P, Sébert M E, Rasri K, et al, 2013. TSH restores a summer phenotype in photoinhibited mammals via the RF-amides RFRP3 and kisspeptin [J]. The FASEB Journal, 27 (7): 2677-2686.

Konuspayeva G, Faye B, Loiseau G, 2009. The composition of camel milk: a meta-analysis of the literature data [J]. Journal of food composition and analysis, 22 (2): 95-101.

LAubè, Fatnassi M, Monaco D, et al, 2017. Daily rhythms of behavioral and hormonal patterns in male dromedary camels housed in boxes [J]. PeerJ, 5 (3): e3074.

M Ayadi R, et al, 2013. Relationship between udder morphology traits, alveolar and cisternal milk compartments and machine milking performances of dairy camels(camelus dromedarius) [J]. Spanish

Journal of Agricultural Research, 11 (3): 790-797.

Mahmud M A, Josephat O, Abdullahi S S, 2016. Species variation on gross morphology and gross morphometry of accessory sex glands in one-humped camel bull (Camelus dromedarius), Uda Ram and Red Sokoto Buck [J]. World Vet J, 6 (2): 53-58.

Maiada W A, Allam Abdalla E B, Zeidan A E B, 2013. Morphological and Histological Changes in the Camel Testes in Relation to Semen Characteristics During breeding and non-breeding seasons [J]. J Am Sci, 9 (11s): 74-82.

Mal G, Sena D S, Sahani M S, 2006. Milk production potential and keeping quality of camel milk [J]. Journal of Camel Practice and Research 13 (2): 175-178.

Manjunatha B M, Al-Bulushi S, Pratap N, 2015. Characterization of ovulatory capacity development in the dominant follicle of dromedary camels (Camelus dromedarius) [J]. Reproductive biology, 15 (3): 188-191.

Manjunatha B M, Al-Bulushi S, Pratap N, 2015. Synchronisation of the follicular wave with GnRH and PGF2α analogue for a timed breeding programme in dromedary camels (Camelus dromedarius) [J]. Animal reproduction science, 160: 23-29.

Manjunatha B M, David C G, Pratap N, et al, 2012. Effect of progesterone from induced corpus luteum on the characteristics of a dominant follicle in dromedary camels (Camelus dromedarius) [J]. Animal reproduction science, 132 (3/4): 231-236.

Manjunatha B M, David C G, Pratap N, et al, 2012. Effect of progesterone from induced corpus luteum on the characteristics of a dominant follicle in dromedary camels (Camelus dromedarius) [J]. Animal reproduction science, 132 (3/4): 231-236.

Manjunatha B M, Pratap N, Al-Bulushi S, et al, 2012. Characterization of ovarian follicular dynamics in dromedary camels (Camelus dromedarius) [J]. Theriogenology, 78 (5): 965-973.

Manjunatha B M, Pratap N, Al-Bulushi S, et al, 2012. Characterization of ovarian follicular dynamics in dromedary camels (Camelus dromedarius) [J]. Theriogenology, 78 (5): 965-973.

Marai I F M, Zeidan A E B, Abdel-Samee A M, et al, 2009. Camels' reproductive and physiological performance traits as affected by environmental conditions [J]. Tropical and Subtropical Agroecosystems, 10 (2): 129-149.

Marie M, Anouassi A, 1986. Mating-induced luteinizing hormone surge and ovulation in the female camel (Camelus dromedarius) [J]. Biology of Reproduction, 35 (4): 792-798.

Marie M, Anouassi A. 1987. Induction of luteal activity and progesterone secretion in the nonpregnant one-humped camel (Camelus dromedarius) [J]. Reproduction, 80 (1): 183-192.

Martinez-Pastor F, Garcia-Macias V, Alvarez M, et al. 2006. Comparison of two methods for obtaining spermatozoa from the cauda epididymis of Iberian red deer [J]. Theriogenology65 (3): 471-485.

Merlian C P, Sikes J D, Read B W, et al, 1979. Comparative characteristics of spermatozoa and semen from a Bactrian camel, dromedary camel and lama [J]. The Journal of Zoo Animal Medicine, 10 (1): 22-25.

Moawad A R, Darwish G M, Badr M R, et al, 2012. In vitro fertilization of dromedary camel (Camelus dromedarius) oocytes with epididymal spermatozoa [J]. Reprod. Fertil. Dev., 24: 192-193.

Moawad A R，Ghoneim I M，Darwish G M，et al，2020. Factors affecting in vitro embryo production：insights into dromedary camel［J］. Journal of Animal Reproduction and Biotechnology，35（2）：119-141.

Moawad A R，2005. In vitro maturation and fertilization of camel oocytes［D］. Thesis，Faculty of Veterinary Medicine，Cairo University.

Mohammed E I E，2008. Foetal Membranes and Placenta of the dromedary camel（Camelus dromedarius）［D］. Khartoum：University of Khartoum.

Monaco D，Fatnassi M，Padalino B，et al，2016. Effect of α-Amylase，Papain，and Spermfluid® treatments on viscosity and semen parameters of dromedary camel ejaculates［J］. Research in veterinary science，105：5-9.

Monaco D，Padalino B，Lacalandra G M，2015. Distinctive features of female reproductive physiology and artificial insemination in the dromedary camel species［J］. Emirates Journal of Food and Agriculture，27（4）：215-216.

Monaco D，Padalino B，Lacalandra G M，2015. Distinctive features of female reproductive physiology and artificial insemination in the dromedary camel species［J］. Emirates Journal of Food and Agriculture，27（4）：215-216.

Monaco D，Padalino B，Lacalandra G M，2015. Distinctive features of female reproductive physiology and artificial insemination in the dromedary camel species［J］. Emir. J. Food Agric，27（4）：328-337.

Mosaferi S，Niasari-Naslaji A，Abarghani A，et al，2005. Biophysical and biochemical characteristics of bactrian camel semen collected by artificial vagina［J］. Theriogenology，63（1）：92-101.

Mosaferi S，Niasari-Naslaji A，Abarghani A，et al，2005. Biophysical and biochemical characteristics of bactrian camel semen collected by artificial vagina［J］. Theriogenology，63（1）：92-101.

Musaad A，Faye B，Nikhela A A，2013. Lactation curves of dairy camels in an intensive system［J］. Tropical animal health and production，45（4）：1039-1046.

Musaad A，Ayadi M，Khalil A，Aljumaah R S，Faye B，2017. Udder and Teat Shape and the Relationship with Milk Yield in Camels（Camelus Dromedaries）［J］. Sch J Agric Vet Sci，4（10）：418-423.

Nagy P，Juhasz J，Wernery U，2005. Incidence of spontaneous ovulation and development of the corpus luteum in non-mated dromedary camels（Camelus dromedarius）［J］. Theriogenology，64（2）：292-304.

Nagy P，Juhász J，2019. Pregnancy and parturition in dromedary camels Ⅰ. Factors affecting gestation length，calf birth weight and timing of delivery［J］. Theriogenology，134：24-33.

Nagy P，Keresztes M，Reiczigel J，2015. Evaluation of udder and teat shape and size in lactating dromedary camels（camelus dromedaries）［C］. 4th conference of Isocard，2015. Silk Road camel：the camelids，main stakes for sustainable development. June 8-12，Almaty，Kazakhstan，134-135.

Nagy P，Thomas S，Markó O，et al，2013. Milk production，raw milk quality and fertility of dromedary camels（Camelus dromedarius）under intensive management［J］. Acta Veterinaria Hungarica，61（1）：71-84.

Niasari-Naslaji A，Nikjou D，Skidmore J A，et al，2009. Interspecies embryo transfer in camelids：the birth of the first Bactrian camel calves (Camelus bactrianus) from dromedary camels (Camelus dromedarius) [J]. Reproduction, Fertility and Development, 21 (2): 333-337.

Nikjou D, Niasari-Naslaji A, Skidmore J A, et al, 2009. Ovarian follicle dynamics in bactrian camel (Camelus bactrianus) [J]. Journal of Camel Practice and Research, 16 (1): 97-105.

Ntoumi F, Martinet L, Mondain-Monval M, 1994. Effects of melatonin treatment on the gonadotropin-releasing hormone neuronal system and on gonadotropin secretion in male mink, Mustela vison, in the presence or absence of testosterone feedback [J]. Journal of pineal research, 16 (1): 18-25.

Ortavant R, 1959. Spermatogenesis and morphology of the spermatozoon: in Cole and Cupps, Reproductio in domestic animals, 2 (2): 251-273.

Osman D I, Moniem K A, Tingari M D, 1979. Histological observations on the testis of the camel, with special emphasis on spermatogenesis [J]. Cells Tissues Organs, 104 (2): 164-171.

Osman D I, Plöen L, 1986. Spermatogenesis in the camel (Camelus dromedarius) [J]. Animal Reproduction Science, 10 (1): 23-36.

P W, Bravo, et al, 2000. Reproductive aspects and storage of semen in Camelidae [J]. Animal Reproduction Science, 62 (1/3): 173-193.

Padalino B, Monaco D, Lacalandra G, 2015. Male camel behavior and breeding management strategies: How to handle a camel bull during the breeding season? [J]. Emir. J. Food Agric, 27 (4): 338-349.

Padalino B, Rateb S A, Ibrahim N B, et al. 2016. Behavioral indicators to detect ovarian phase in the dromedary she-camel [J]. Theriogenology, 85 (9): 1644-1651.

Pevet P, Pitrosky B, Vuillez P, Jacob N, Teclemariam-Mesbah R, Kirsch R, 1996. Chapter 24 the suprachiasmastic nucleus: the biological clock of all seasons [J]. Progress in Brain Research, 111: 369-384.

Porjoosh A, Raji A R, Nabipour A, et al, 2010. Gross and histological study on the uterus of camels (Camelus dromedarius) [J]. Journal of Camel Practice and Research, 17 (1): 91-94.

Rashad D, Kandiel M, Agag M, et al, 2018. Histomorphometry of Dromedary Camel Epididymis and its Correlation with Spermatozoa Characteristics during their Epididymal Transport [J]. Benha Veterinary Medical Journal, 35 (1): 1-11.

Rateb S A, 2016. Ultrasound-assisted liquefaction of dromedary camel semen [J]. Small Ruminant Research, 141: 48-55.

Refaat D, Ali A, Saeed E M, et al, 2020. Diagnostic evaluation of subclinical endometritis in dromedary camels [J]. Animal reproduction science, 215: 106327.

Russo R, Monaco D, Rubessa M, et al, 2014. Confocal fluorescence assessment of bioenergy/redox status of dromedary camel (Camelus dromedarius) oocytes before and after in vitro maturation [J]. Reproductive Biology and Endocrinology, 12 (1): 1-10.

Saadeldin I M, Swelum A A A, Alzahrani F A, 2018. The current perspectives of dromedary camel stem cells research [J]. International journal of veterinary science and medicine, 6: S27-S30.

Saadeldin I M, Swelum A A A, Elsafadi M, 2017. Isolation and characterization of the trophectoderm from the Arabian camel (Camelus dromedarius) [J]. Placenta, 57: 113-122.

Saadeldin I M, Swelum A A A, Yaqoob S H, et al, 2017. Morphometric assessment of in vitro matured dromedary camel oocytes determines the developmental competence after parthenogenetic activation [J]. Theriogenology, 95: 141-148.

El-Bahrawy K A, El-Hassanien E E, El-Bab Fateh A Z, Zeitoun M M, 2006. Semen Characteristics of Camels Raised Under Hot Arid Egyptian Conditions and Its Freezability after Dilution in Different Extenders [C]. Conference: International Scientific Camel Conference, 5: 9-11.

Sghiri A, Driancourt M A, 1999. Seasonal effects on fertility and ovarian follicular growth and maturation in camels (Camelus dromedarius) [J]. Animal Reproduction Science, 55 (3/4): 223-237.

Shahin M A, Khalil W A, Saadeldin I M, et al, 2020. Comparison between the effects of adding vitamins, trace elements, and nanoparticles to shotor extender on the cryopreservation of dromedary camel epididymal spermatozoa [J]. Animals, 10 (1): 78.

Simoni M, Weinbauer G F, Gromoll J, 1999. Role of FSH in male gonadal function [C]. Ann Endocrinol (Paris), 60 (2): 102-106.

Skidmore J A, 2005. Reproduction in dromedary camels: an update [J]. Anim. Reprod, 2 (3): 161-171.

Skidmore J A, Adams G P, Billah M, 2009. Synchronisation of ovarian follicular waves in the dromedary camel (Camelus dromedarius) [J]. Animal reproduction science, 114 (1/3): 249-255.

Skidmore J A, Adams G P, 2000. Recent Advances in Camelid Reproduction [M]. International Veterinary Information Service.

Skidmore J A, Billah A M, Allen W R, 2000. Using modern reproductive technologies such as embryo transfer and artificial insemination to improve the reproductive potential of dromedary camels [J]. Revue Élev. Méd. vét. Pays trop, 53 (2): 97-100.

Skidmore J A, Billah M, Allen W R., 1996. The ovarian follicular wave pattern and induction of ovulation in the mated and non-mated one-humped camel (Camelus dromedarius) [J]. Reproduction, 106 (2): 185-192.

Skidmore J A, Billah M, 2006. Comparison of pregnancy rates in dromedary camels (Camelus dromedarius) after deep intra-uterine versus cervical insemination [J]. Theriogenology, 66 (2): 292-296.

Skidmore J A, Billah M, 2011. Embryo transfer in the dromedary camel (Camelus dromedarius) using non-ovulated and ovulated, asynchronous progesterone-treated recipients [J]. Reproduction, Fertility and Development, 23 (3): 438-443.

Skidmore J A, Malo C M, Crichton E G, 2018. An update on semen collection, preservation and artificial insemination in the dromedary camel (Camelus dromedarius) [J]. Animal reproduction science, 194: 11-18.

Skidmore J A, Morton K M, Billah M, 2013. Artificial insemination in dromedary camels [J]. Animal Reproduction Science, 136 (3): 178-186.

Skidmore J A, Schoevers E, Stout T A E, 2009. Effect of different methods of cryopreservation on the cytoskeletal integrity of dromedary camel (Camelus dromedarius) embryos [J]. Animal reproduction science, 113 (1/4): 196-204.

Skidmore J A, Starbuck G R, Lamming G E, et al, 1998. Control of luteolysis in the one-humped camel (Camelus dromedarius) [J]. Reproduction, 114 (2): 201-209.

Skidmore J A, 2003. The main challenges facing camel reproduction research in the 21st Century [J].

Reproduction Supplement，61（1）：37-47.

Skidmore J A，2011. Reproductive physiology in female old world camelids ［J］. Animal reproduction science 124（3/4）：148-154.

Skidmore J A，2018. Reproduction in dromedary camels：an update ［J］. Animal Reproduction（AR），2（3）：161-171.

Skidmore J A，2019. The use of some assisted reproductive technologies in old world camelids ［J］. Animal reproduction science，207：138-145.

Skidmore J A，Billah M，Allen W R，1995. The ovarian follicular wave pattern in the mated and non-mated dromedary camel（Camelus dromedarius）［J］. Journal of reproduction and fertility，Supplement，49：545-548.

Srikandakumar A，Johnson E H，Mahgoub O，Kadim I T，Al-Ajmi D S，2003. Anatomy and Histology of the Female Reproductive Tract of Arabian Camel ［J］. Agricultural and Marine Sciences，8（2）：63-66.

Swelum A A A，Saadeldin I M，Ba-Awadh H，et al，2018. Effects of melatonin implants on the reproductive performance and endocrine function of camel（Camelus dromedarius）bulls during the non-breeding and subsequent breeding seasons ［J］. Theriogenology，119：18-27.

Swelum A A A，Saadeldin I M，Ba-Awadh H，et al，2019. Effect of short artificial lighting and low temperature in housing rooms during non-rutting season on reproductive parameters of male dromedary camels ［J］. Theriogenology，131：133-139.

Taha Y，Mahmood M H，Mnati A A，2020. Semen of dromedary camel：a review ［J］. Journal of Research in Ecology，8（1）：2664-2690.

Tibary A，Fite C，Anouassi A，et al，2006. Infectious causes of reproductive loss in camelids ［J］. Theriogenology，66（3）：633-647.

Tibary A，Pearson L K，Anouassi A，2014. Applied andrology in camelids. In Animal Andrology：Theories and Applications ［M］. CABI，418-449.

Tingari M D，El-Manna M M，Rahim A T A，1986. Studies on camel semen. Ⅰ. Electroejaculation and some aspects of semen characteristics ［J］. Animal Reproduction Science，12（3）：213-222.

Tingari M D，1991. Studies on camel semen. Ⅲ. Ultrastructure of the spermatozoon ［J］. Animal Reproduction Science 26（3/4）：333-344.

Turek F W，Ellis G B，1981. Steroid-dependent and steroid-independent aspects of the photoperiodic control of seasonal reproductive cycles in male hamsters ［J］. Biological clocks in seasonal reproductive cycles：251-260.

Turri F，Kandil O. M，Abdoon A. S，Sabra H，Atrash A. El，Pizzi F. 2013. Conservation of camel genetic resources：epididymal sperm recovery ［C］. The Camel Conference@ SOAS，29：27-32.

Turri F，Madeddu M，Gliozzi T M，2012. Influence of recovery methods and extenders on bull epididymal spermatozoa quality ［J］. Reproduction in domestic animals，47（5）：712-717.

Vettical B S，Hong S B，Umer M A，et al，2019. Comparison of pregnancy rates with transfer of in vivo produced embryos derived using multiple ovulation and embryo transfer（MOET）with in vitro produced embryos by somatic cell nuclear transfer（SCNT）in the dromedary camel（Camelus dromedaries）［J］. Animal reproduction science，209：106132.

Wani N A，Billah M，Skidmore J A，2008. Studies on liquefaction and storage of ejaculated dromedary camel (Camelus dromedarius) semen [J]. Animal reproduction science，109 (1-4)：309-318.

Wani N A，Hong S，2018. Intracytoplasmic sperm injection (ICSI) of in vitro matured oocytes with stored epididymal spermatozoa in camel (Camelus dromedarius)：Effect of exogenous activation on in vitro embryo development [J]. Theriogenology，113：44-49.

Wani N A，Wernery U，Hassan F A H，2010. Production of the first cloned camel by somatic cell nuclear transfer [J]. Biology of reproduction，82 (2)：373-379.

Wani N A，2008. Chemical activation of in vitro matured dromedary camel (Camelus dromedarius) oocytes：optimization of protocols [J]. Theriogenology，69 (5)：591-602.

Wani N A，2009. In vitro embryo production in camel (Camelus dromedarius) from in vitro matured oocytes fertilized with epididymal spermatozoa stored at 4° C [J]. Animal reproduction science，111 (1)：69-79.

Wernery U，2007. Camel milk-new observations [C]. Proceedings of the International Camel Conference "Recent trends in Camelids research and Future strategies for saving Camels"，Rajasthan，India，College of Veterinary & Animal Science，2：200-204.

Yadav A K，Kumar R，Priyadarshini L，et al，2015. Composition and medicinal properties of camel milk：A Review [J]. Asian Journal of Dairy and Food Research，34 (2)：83-91.

Zayed A E，Aly K，Ibrahim I A，2012. Morphological studies on the epididymal duct of the one-humped camel (Camelus dromedaries) [J]. Open Journal of Veterinary Medicine (2)：245-254.

Zhou W，De Iuliis G N，Dun M D，et al，2018. Characteristics of the epididymal luminal environment responsible for sperm maturation and storage [J]. Frontiers in endocrinology，9：59.

Ziapour S，Niasari-Naslaji A，Mirtavousi M，et al，2014. Semen collection using phantom in dromedary camel [J]. Animal reproduction science，151 (1/2)：15-21.

图书在版编目（CIP）数据

骆驼繁殖学/娜仁花，何牧仁主编. —北京：中
国农业出版社，2021.11
国家出版基金项目　骆驼精品图书出版工程
ISBN 978-7-109-28918-5

Ⅰ. ①骆…　Ⅱ. ①娜… ②何…　Ⅲ. ①骆驼—家畜繁
殖—研究　Ⅳ. ①S824.3

中国版本图书馆 CIP 数据核字（2021）第 223605 号

中国农业出版社出版
地址：北京市朝阳区麦子店街 18 号楼
邮编：100125
丛书策划：周晓艳　王森鹤　郭永立
责任编辑：王森鹤
版式设计：杜　然　责任校对：刘丽香
印刷：北京通州皇家印刷厂
版次：2021 年 11 月第 1 版
印次：2021 年 11 月北京第 1 次印刷
发行：新华书店北京发行所
开本：787mm×1092mm　1/16　插页：1
印张：12.75
字数：300 千字
定价：142.00 元